VUILLAUME

LE BRONZE

HACHETTE ET Cie
PARIS

OUVRAGES DU MÊME AUTEUR

PUBLIÉS DANS LA BIBLIOTHÈQUE DES MERVEILLES

PAR LA LIBRAIRIE HACHETTE ET Cie

Les Galeries souterraines, 2e édition, un volume illustré de 35 vignettes par J. Férat et B. Bonnafoux.

La Poudre à Canon et les Nouveaux Corps explosifs. 2e édition. Un volume illustré de 44 gravures, d'après les dessins de J. Férat.

Prix de chaque volume broché. . . . . 2 fr. 25
— cartonné en percaline bleue, tranches rouges. 3 fr. 50

A LA LIBRAIRIE G. MASSON

Les Nouvelles Routes du Globe, avec une lettre de M. Ferdinand de Lesseps. Un volume in-8° illustré de 92 gravures dont 4 planches hors texte.

18977. — Paris. — Imprimerie Lahure, rue de Fleurus, 9.

INTRODUCTION

L'histoire du bronze suit pas à pas celle de la civilisation, dans les manifestations les plus diverses de son développement.

La découverte de l'alliage qui le compose est encore entourée de mystère. D'où qu'il vienne, nous le voyons apparaitre dès les premiers temps connus de l'humanité, associé déjà aux armes de pierre des palafittes et des tombeaux préhistoriques, plus répandu et plus soigneusement travaillé à la belle époque du bronze, métal artistique déjà chez les Égyptiens, les Assyriens, les Phéniciens, les Étrusques.

La fin du septième siècle avant notre ère voit se créer l'art de fondre les statues d'un seul jet, et, de cette découverte capitale, qui conduit l'art du bronze dans une voie nouvelle, vont sortir les incomparables chefs-d'œuvre de la statuaire antique, depuis l'*Athena* de Phidias jusqu'à l'*Orateur* étrusque du musée de Florence, et le *Marc-Aurèle* du Capitole. Plus tard, la Renaissance, continuant les traditions oubliées et à nouveau reprises, nous laissera, comme merveilleux spécimens de sa culture artistique, les œuvres impérissables de Donatello, de Verocchio, de Cellini, de Ghiberti, de Jean Bologne : le David et le Persée, la statue équestre de Colleoni, et ces portes du baptistère de Florence qui, au dire de Michel-Ange lui-même, « eussent mérité d'être placées à l'entrée du paradis ».

Parallèlement à la statuaire, l'architecture emploie largement le bronze, qu'il fasse partie intégrale du monument exécuté, ou qu'il joue simplement le rôle d'ornement extérieur. Le palais d'Alkinoos, que décrit Homère dans l'*Odyssée*, était entouré de murs d'airain. A l'imitation des demeures royales de l'Assyrie, revêtues de plaques de bronze repoussé, Agrippa fait orner de bronze le Panthéon de Rome, et sa charpente d'airain, respectée par les barbares, n'est arrachée que par le pape Urbain VII Barberini. *Quod non fecerunt barbari, fecere Barberini.*

Innombrables sont les vestiges de l'emploi du bronze dans l'art ornemental, armes, bijoux, amulettes, ustensiles de la vie domestique; nos musées en sont remplis. Aux temps des Pharaons déjà, les navigateurs de Tyr et de Sidon portaient au loin sur les rivages de la mer phénicienne les produits de leur industrie et ceux des peuples voisins. Pompéi nous initie aux mille applications du bronze dans la vie romaine. Il n'est point besoin d'insister sur les multiples effets que savent en tirer nos artistes modernes.

La première monnaie romaine, l'*æs signatum* de Servius Tullius, est en bronze, comme l'est encore notre monnaie divisionnaire, comme le sont les fines médailles commémoratives des hauts faits de l'histoire.

L'art de la guerre s'empare du bronze, dès qu'il naît avec l'homme lui-même. Les armes des tumulus antiques, celles qu'a trouvées Schliemann dans les ruines d'Hissarlik, sont coulées avec le même alliage que les canons des Invalides. Le bronze règne en maître dans nos grands ateliers de construction industrielle; il forme en partie l'ossature de nos puissantes machines.

Partout, sur la surface entière du globe, chez les races les plus disparates, aux époques les plus diverses de l'histoire du monde, chez les peuples civilisés et chez les peuplades sauvages, chez les habitants primitifs du Nouveau-Monde et chez les fins et étranges artistes de l'Extrême-Orient, au fronton du Panthéon d'Agrippa et le long des spirales des colonnes triomphales, sur nos places publiques, dans nos musées, dans nos arsenaux, dans nos ateliers, le bronze apparaît, se pliant à tous les caprices de l'art, à tous les besoins de l'industrie, à toutes les exigences de la vie publique, métal véritablement universel, conservant dans la suite des siècles les œuvres des hommes, immortalisant ceux qui les ont accomplies.

Maxime Hélène (Maxime Vuillaume).

LE BRONZE

L'ART ET L'HISTOIRE

I

QU'EST-CE QUE LE BRONZE?

Demandez-le à tous nos palais, à toutes nos places publiques, à tous les ornements de notre vie artistique, à tous les ustensiles dont nous nous servons chaque jour. Que vous parcouriez les humbles et sauvages cavernes des âges primitifs, que vous interrogiez le limon des palafittes, les restes pulvérisés des tombeaux ou les ruines des monuments antiques, partout le bronze vous apparaît sous mille formes diverses. Statues colossales, couchées aujourd'hui dans la terre, jadis resplendissantes dans les forums ou au faite des acropoles, bijoux plus modestes, servant à agrafer les ceintures des conquérants ou à rattacher les plis des péplums, épingles finement ciselées, poignées d'épée, vases, fibules, tout a jadis été fait en bronze, le premier et l'universel métal, avant même le fer, avant le cuivre, qui forme cependant son principal élément.

Après l'âge de pierre, l'âge du bronze est le premier âge de l'humanité.

Or, qu'est-ce que le bronze? Le cuivre fut d'abord découvert à l'état natif, quoique très rare. Sa couleur brillante attira bientôt l'attention. Mais il ne fondait qu'à une chaleur très forte et se moulait mal. A force de chercher, on finit par l'associer à l'étain et le bronze fut trouvé.

Cet alliage présenta tout d'abord les plus grandes qualités. Il se fabriquait facilement, se prêtait bien à la fonte et se moulait à merveille. Il pouvait se travailler au marteau et devenait d'une dureté, d'une ténacité extrêmes. Aussi l'emporta-t-il bientôt sur le cuivre pur.

Partout, dans les fouilles qui trahissent les époques préhistoriques, en Italie, en Espagne, en Angleterre, en Allemagne, en Danemark, en Belgique, en France et surtout en Suisse, on rencontre des traces d'objets fabriqués en bronze, en très grande quantité; mais, chose étrange, il paraîtrait que ce mélange de *cuivre* et d'*étain* aurait été connu avant l'*étain* lui-même.

En effet, pendant des siècles, le *laiton* ou cuivre jaune, alliage de cuivre et de zinc, a été fabriqué à l'aide du cuivre et du minerai de zinc, sans que le zinc fût connu à l'état de métal particulier. Les anciens fondeurs mélangeaient le minerai de cuivre avec du minerai d'étain d'une manière empirique et selon leurs traditions. Puis le mélange était soumis à l'action du feu au milieu des charbons incandescents; à la suite d'une réaction, les deux métaux étaient *réduits* à la fois, se combinaient immédiatement et se fondaient ensemble, de sorte que le produit était l'alliage lui-même directement obtenu. Dans ce procédé, la présence de l'étain facilite beaucoup la réduction et la fusion de l'autre métal, plus rebelle à l'action du feu.

On a longtemps présumé que, dans les temps primitifs, le bronze était fabriqué dans des creusets. Aujourd'hui les savants et les observateurs paraissent être d'une opinion contraire. Voici donc comment ils expliquent la manière de procéder des fondeurs de l'âge du bronze :

Le métal a été réduit tout d'abord dans de petits fourneaux de construction grossière, analogues à ceux qui servirent aux premiers forgerons pour le traitement du fer, c'est-à-dire ayant la forme générale des fourneaux dits à *cuve*. Imaginez une sorte de petite tourelle ronde, de 1 m. 50 à 2 mètres de hauteur, élevée en pierres dures cimentées avec de l'argile. La cavité intérieure, de forme à peu près cylindrique, est ce qu'on appelle la cuve; le fond de cette cuve, garni d'une épaisse couche d'argile, devait, pour la commodité du travail, se trouver au-dessus du niveau du sol environnant. Très peu au-dessus du fond de la *cuve*, plusieurs ouvertures, ménagées dans la maçonnerie grossière des parois, permettaient à l'air de s'introduire pour alimenter le combustible. Le combustible fut sans doute tout d'abord des branches sèches, rompues en moyens fragments; puis *du charbon de bois*, du bois plus ou moins irrégulièrement carbonisé par un commencement de combustion en tas. La cavité du fourneau remplie de charbon incandescent étant de forme assez élevée, un *tirage* très vif se produisait naturellement; l'air appelé affluait par les ouvertures inférieures, excitait violemment la flamme. Il suffisait alors de verser alternativement par la gueule de la fournaise des charges de combustible, et des corbeilles de minerais de cuivre et d'étain, broyés en sable grossier, et mélangés à l'avance en proportion convenable. En arrivant au sein de la masse embrasée, surtout aux environs des *ouvertures de tirage*, là où la chaleur est plus violente, les deux minerais étaient décomposés : les deux métaux fondaient ensemble, s'alliaient, et l'alliage liquéfié coulait jusqu'au fond de la cuve, où il se réunissait, se maintenait en fusion. Pour le faire couler au dehors, il suffisait de pratiquer avec un outil pointu dans l'argile demi-calcinée une rainure, un petit canal par où le métal liquide s'épanchait sous la forme d'un petit filet ardent. On pouvait alors recevoir le jet dans l'ouverture des moules apportés près du fourneau, ou le recueillir dans un vase de terre, une sorte de cuiller pourvue d'un long manche, pour le jeter de là dans les moules. Dans une telle manière de procéder, une grande partie du métal se trouvait perdue, dans les cendres, parmi les déchets, et ces pertes ne furent évitées que lorsqu'on eut imaginé les *creusets*[1].

Le four alors devait être plus large et le brasier très ardent. A l'endroit où la combustion était plus active, les creusets étaient posés sur des supports de pierre dure. Ces *creusets* en terre devaient être assez épais et façonnés d'une argile assez résistante pour supporter, sans se briser, l'action du feu.

On les remplissait d'avance d'un mélange formé de trois substances différentes : les deux minerais et le charbon, car le contact du charbon incandescent est nécessaire pour la réduction des métaux. Sous l'action de la chaleur, les métaux *réduits* fondaient et s'alliaient, et l'alliage, par son poids, se concentrait au fond du creuset. Au-dessus de l'alliage en fusion surnageaient les charbons ardents, les *scories*, c'est-à-dire l'amas demi-fluide formé par les cendres calcinées, les sables vitrifiés, les résidus et les matières pierreuses de la gangue dont les minerais sont toujours mélangés.

Bientôt, le travail du bronze se montra partout, chez les

1. *Le Cuivre et le Bronze*, par C. Delon. L. Hachette et Cie, éditeurs.

Hindous, chez les Égyptiens, chez les Phéniciens qui trafiquaient du bronze de l'Inde, chez les Hébreux et, beaucoup plus tard seulement, chez les peuples de l'Occident,

Partout le bronze fournit à l'homme les premiers outils jusqu'à ce qu'il cédât la place au fer dans le domaine d'une industrie plus avancée.

Le cuivre est remarquable par sa belle couleur et il serait le rival de l'or, à ce point de vue, s'il ne se ternissait pas rapidement à l'air en finissant par s'oxyder. Sa densité est de 8,91, c'est-à-dire qu'il pèse presque 9 fois autant qu'un égal volume d'eau. En tout cas il est plus lourd que le fer, l'étain, le zinc, mais moins que l'or, le platine, l'argent et le plomb. Il est liant et flexible, mais sans élasticité et, après le fer, le plus tenace des métaux. Le cuivre est, en outre, éminemment malléable. A froid il s'amincit sous le choc du marteau comme l'argent et l'or, et s'étale en feuilles sous la pression du laminoir. C'est ce qui témoigne de sa grande ductilité. Il se fond difficilement et ce n'est que vers 1200 degrés qu'il entre en fusion. En outre, il est très bon conducteur de l'électricité.

Mais ses propriétés changent considérablement lorsqu'il entre en alliage avec d'autres métaux. On pourrait croire de prime abord que l'association intime de deux ou plusieurs métaux, appelée *alliage*, a pour résultat de présenter une moyenne des propriétés de chacun d'eux. Ce n'est cependant point le cas, et le plus souvent l'alliage offre des qualités inattendues, spéciales et tout à fait caractéristiques. Il en résulte que la découverte d'un nouvel alliage équivaut à celle d'un nouveau métal.

Quant au cuivre, il est très sociable et se prête à deux espèces d'alliage : l'alliage dur, peu malléable et se travaillant par le moulage, tel que le bronze, et l'alliage doux tel que le laiton. Le *bronze* lui-même, qui fait l'objet de cette étude, est, comme nous l'avons vu, un alliage de cuivre et d'étain, mais il varie selon les proportions de chacun des deux métaux. Quelquefois même le zinc et le plomb entrent dans cette combinaison. En somme, plus il y entre d'étain, plus l'alliage est dur, cassant, sonore et de couleur claire. Ainsi le métal des canons, qui doit posséder une immense ténacité pour résister à la pression des gaz de la poudre, doit contenir de 8 à 11 parties d'étain pour 100 de cuivre; le métal des cloches, pour être sonore, doit contenir de 28 à 30 pour 100 d'étain. Enfin la composition des bronzes d'art est très variable et contient souvent plus de zinc que d'étain.

Voici un tableau des alliages les plus usités :

BRONZES	CUIVRE	ÉTAIN	ZINC	PLOMB
Bronze des canons.	100	de 8 à 11	»	»
— des cloches.	78	22	»	»
— des cymbales.	80	22	»	»
— des miroirs.	67	33	»	»
— des statues antiques.	86	14	»	»
— d'ustensiles antiques.	90	10	»	»
— égyptien.	91	9	»	»
— Statues de Versailles (frères Keller). . . .	91	1,7	5,53	1,39
— pour pendules. . . .	82	3	18	1,05
— pour médailles (modernes).	99	1	»	»
— pour pièces de machines.	75	10	12	3
— pour coussinets. . . .	73.60	9,50	9,09	7

Mais quelle que soit la composition de l'alliage, le procédé de fabrication est le même et consiste à mélanger les métaux en fusion. Autrefois le bronze s'obtenait en faisant fondre le minerai d'étain, qui est un oxyde, avec le cuivre, ce qui ne permettait pas un dosage exact et donnait ainsi des produits variables. Aujourd'hui le cuivre et l'étain sont d'abord amenés séparément à l'état métallique avant d'être fondus ensemble.

Avec des métaux neufs, on fond le cuivre en rosettes et l'étain en barres. Mais, lorsqu'il s'agit d'utiliser de vieux bronzes, il faut d'abord analyser leur composition afin d'établir la quantité de métal pur qui doit compléter l'alliage.

Le moulage du bronze se fait par trois procédés : au *sable*, en *terre* et en *coquilles*.

Pour fondre une pièce au sable, il faut construire un modèle exact de l'objet à mouler, d'après les dessins de l'artiste. Ces modèles sont ordinairement en bois. Les artistes emploient pour les *bronzes d'art* proprement dits, tels que statues, statuettes, ornements, la terre, le plâtre ou la cire. Enfin, quand il s'agit de reproduire certaines pièces à un grand nombre d'exemplaires, on fait le modèle en métal et il sert alors de moule. Le sable de fondeur doit, après avoir été pressé et battu, pouvoir s'enlever d'un bloc sans se rompre ni tomber en poussière. Le sable le plus recherché par les fondeurs de Paris s'extrait à Fontenay-aux-Roses. Pour les grosses pièces, on les moule au *sable vert*, c'est-à-dire au sable simple, et pour les pièces délicates, on emploie le sable passé à l'étuve et fortement desséché. Le sable est préalablement tassé dans des châssis de fonte ou de bois.

Quand l'objet n'a qu'une face, il suffit de le poser à plat sur le sable pour lui donner l'empreinte en creux dans lequel on n'aura qu'à couler le bronze. C'est le moulage à découvert

Quant aux objets qui ont deux ou plusieurs faces, il faut que le modèle soit entièrement entouré de sable, mais le moule doit s'ouvrir en deux parties afin de faciliter l'enlèvement du modèle par le démoulage. On place les deux parties du moule l'une sur l'autre par le remoulage, et le vide qu'elles laissent entre elles reproduit complètement le modèle. Pour que le métal puisse y entrer, on pratique des rigoles qui de l'extérieur aboutissent au vide du moule. C'est ce qu'on appelle les *jets*. De plus on pratique à la partie supérieure du moule des *évents* qui permettent à l'air dilaté par la chaleur de s'échapper.

Quand il s'agit de mouler des pièces creuses telles que des vases, il faut construire un noyau qui représente à son tour le creux de l'objet. On le fait en terre à mouleur mélangée d'argile, de sable de moulage, de crottin de cheval ou de bourre hachée, afin de donner à la masse de la liaison et d'éviter les fissures. La terre se pétrit et se modèle avec des ébauchoirs, puis on la sculpte, dès qu'elle est sèche, avec des outils tranchants. Si le noyau doit être rond, on le façonne sur le tour, puis on le dessèche à l'étuve. Au besoin on le soutient par des *armatures* ou des *lanternes*.

Dans le moulage à *cire perdue*, tel que l'employaient les sculpteurs en bronze de la Renaissance italienne, on ensevelissait dans le sable le modèle sculpté en cire, puis, après avoir pratiqué des *jets*, on portait le moule à l'étuve pour faire fondre la cire. On la faisait sortir par les jets, tandis que le reste était absorbé par le sable. Ainsi la cavité du moule restait vide et nette. Il ne s'agissait plus que d'y couler le bronze en fusion. Si, au lieu d'une statue pleine on voulait en faire une creuse, il fallait nécessairement un noyau. Celui-ci, ébauché en terre à modeler, était soutenu par une armature de fer. Ce noyau était ensuite desséché avec soin. Puis le sculpteur appliquait à sa surface une couche épaisse de cire à laquelle il donnait une forme achevée. Cette couche de cire représentait exactement l'épaisseur que devait avoir le métal. Une fois le noyau fixé, on faisait fondre la cire. Il ne restait plus autour du noyau que la place que le métal devait remplir. Pour les objets délicats, on enduit le modèle d'une couche de *barbotine*, ou boue liquide d'argile délayée avec de l'eau. Cette couche appliquée au pinceau est suivie de plusieurs autres qu'on fait sécher successivement. Puis

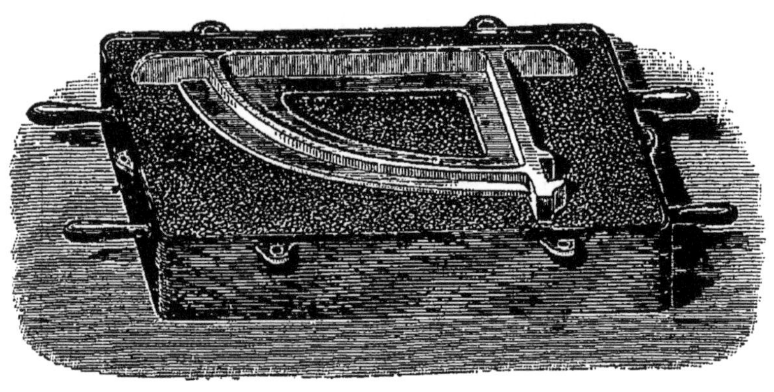

La fonte au sable d'une pièce de bronze.

on ensevelit le modèle dans le sable qui forme chape. On fait évacuer la cire fondue et l'on procède à la coulée. C'est ainsi qu'autrefois on fondait les statues et statuettes, les vases, les candélabres de bronze, etc. Ce procédé réalisait le rendu le plus parfait et était pratiqué presque entièrement par le sculpteur lui-même. Le malheur est qu'avec cette méthode, si la fonte est manquée, tout est perdu, l'œuvre artistique est anéantie.

On emploie aussi le moulage en terre, surtout pour les objets creux et régulièrement arrondis, tels que les cloches, les chaudières, les timbres. Pour les très grandes dimensions, on ne saurait modeler à la main les noyaux et les fausses pièces. Alors on a recours au *modelage à la trousse*. Le noyau ébauché à la main est régularisé au moyen d'un *gabarit* ou panneau de bois entaillé qui représente le profil qu'il s'agit d'obtenir. Ce gabarit ou trousse tournant autour d'un axe vertical gratte et polit la terre molle en l'arrondissant. C'est ce que nous verrons en parlant plus tard de la fonte des cloches.

Enfin la *fonte en coquille* consiste à couler le bronze dans un moule de métal s'ouvrant et se démontant en plusieurs parties. Ce procédé n'est employé que pour les pièces destinées à être reproduites à de nombreux exemplaires.

Mais ce qui nous importe dans cette étude consacrée surtout au bronze artistique, c'est la manière de façonner et de couler les statues. Tandis que les anciens appelaient *sculpteurs* les artistes qui taillaient avec un ciseau la terre ou le marbre, ils réservaient le nom de *statuaires* à ceux qui faisaient des figures de bronze, car ces derniers ne sculptaient pas, ils modelaient.

La sculpture emploie diverses matières : la terre, le bois, la pierre, le marbre, l'or, l'argent, l'ivoire et le bronze. C'est à ce dernier que nous nous arrêterons. Le sculpteur qui veut faire une statue de bronze façonne d'abord en terre son modèle, puis le fait mouler en plâtre. Ce qui était en relief dans le modèle en terre se trouve être en creux dans le modèle en plâtre. Si l'on rapproche les morceaux du moule, la statue se trouve représentée par le vide, une fois la terre enlevée.

Dans ce vide, on coule alors du plâtre liquide qui se pétrifie instantanément; alors ce qui était un vide devient un plein, ce qui était creux devient relief et à la place du modèle en terre qui a disparu on a la figure en plâtre qui le reproduit identiquement.

Si l'on veut exécuter en bronze cette statue de plâtre,

il faut procéder à un second moulage. Après avoir enduit le plâtre d'un corps gras, on le recouvre d'un nouveau plâtre qui prend son empreinte sans s'y attacher. On a donc un nouveau moule creux dans lequel on pourrait couler le bronze, si tant est qu'un pareil moule pût subir l'opération. Mais, outre cet inconvénient, il convient que le bronze ne soit pas massif, car il dépenserait trop de métal et serait d'une pesanteur considérable. Il s'agit donc de le rendre aussi mince, aussi léger que possible.

A cet effet, on imbibe d'huile tous les creux du moule et on y applique des lames de cire de l'épaisseur qu'il s'agit de donner au bronze. Puis on établit une armature en fer affectant les formes et l'attitude de la statue et qui est destinée à la soutenir. Toutes les pièces du moule revêtues de cire sont rassemblées autour de l'armature, de manière à s'y appuyer sans déplacement possible, et forment une enceinte qu'on entoure de cercles de fer. Dans cette enceinte on fait couler, par le haut du moule, du plâtre liquide et de la brique en poudre, et ce ciment, auquel le moule imprime grossièrement les formes de la statue, devient le *noyau*. Celui-ci ne fait plus qu'un corps avec l'armature et la cire. Si l'on retire alors les cercles de fer et les pièces du moule, la figure paraît en cire telle qu'elle était en plâtre. Le sculpteur retouche alors la statue et efface les coutures que les joints du moule ont imprimées sur la cire.

Puis on attache à la cire des *égouts* par lesquels elle s'écoulera en se fondant; les *jets* par lesquels on coulera le bronze en fusion et les *évents* qui permettront à l'air de s'échapper quand le métal brûlant se précipitera. On enveloppe alors la figure entière d'un nouveau moule liquide dont les couches réitérées forment un ciment épais. On fait chauffer et couler la cire afin de préparer une place vide entre la masse du noyau et le moule extérieur. Ce vide laissé par les cires fondues est alors rempli par la coulée du métal en fusion, et l'œuvre se trouve transformée en bronze.

On retire alors le noyau et l'on ne conserve de l'armature que les pièces nécessaires à la solidité de la statue. Ces pièces passent dans les jambes de la statue et vont se sceller dans le piédestal. Le statuaire n'a plus qu'à réparer le bronze comme il a réparé la cire et à enlever les rugosités, appelées *balèvres* par les fondeurs.

Il résulte de cette manière d'exécuter une figure en bronze qu'elle est, en général, très légère, ce qui permet au statuaire de laisser des parties de la figure s'avancer dans le vide et de rendre celles-ci plus minces que celles qui se rapprochent du piédestal et qui ont la mission de soutenir toute l'œuvre.

C'est ce qui arrive, par exemple, pour le cheval de la statue équestre de Louis XIV, que Bosio a élevée sur la place des Victoires, ainsi que pour celui de la fameuse statue équestre et colossale de Pierre le Grand à Saint-Pétersbourg, qui galope sur un rocher et n'a d'autre appui que les pieds de derrière. Ceux-ci sont probablement massifs, tandis que toute la partie antérieure de la statue est évidée et très légère.

Le statuaire en bronze a donc la liberté de risquer les plus hardis mouvements. Mais il faut encore que l'œil et le bon sens soient satisfaits et que la figure inspire l'idée de la solidité et du naturel. Le gracieux Génie qui couronne la colonne de la Bastille, malgré la pose hardie sur un seul pied, ne nous choque pas, d'abord parce qu'il a des ailes, et puis parce que la dorure lui donne une plus grande apparence de légèreté.

La sculpture en métaux, ou *torantique*, est, paraît-il, plus ancienne que la sculpture en marbre. M. Quatremère de Quincy, dans son livre sur le *Jupiter Olympien*, dit :

« Il y a une manière de sculpture qui consiste à faire des statues de toutes sortes de métaux, d'or, d'argent, de bronze et de beaucoup d'autres réunions de matières, par des morceaux rapportés, par compartiments, soit fondus séparément, soit battus, soit travaillés ou ciselés, soudés, rapprochés et formant un tout solide. Cette manière est la plus ancienne; elle a produit des ouvrages sans nombre. La Grèce lui a dû ses plus grands et ses plus rares monuments. »

Et non seulement la Grèce, mais l'ensemble des peuples qui ont pris part au grand développement de la civilisation depuis les époques les plus reculées de l'histoire, depuis les peuplades encore sauvages de l'âge du bronze jusqu'aux éblouissantes années de la Renaissance, jusqu'à l'art contemporain, marqué lui aussi au sceau de la grandeur et du génie.

II

LE BRONZE AUX AGES PRÉHISTORIQUES

Dans l'état actuel de la science archéologique, fondée sur les fouilles et les découvertes les plus récentes, l'âge du bronze est, après celui de la pierre, antérieur à toutes les civilisations connues.

Il ne vient cependant qu'en troisième ligne, remplaçant la pierre pour les outils, les instruments tranchants ou les armes, et précédant, chose étrange, le fer qui, quoique se présentant plus souvent à l'état natif, n'a cependant été découvert qu'après le bronze.

Après l'or, le métal qui a été le premier remarqué à cause de son éclat, de sa présence dans les rivières ou dans certains terrains à l'état natif, c'est le cuivre qui a réellement rendu à l'homme les premiers services. Ce métal abonde, en effet, un peu partout, se fond facilement, est suffisamment malléable, et se rencontre souvent à l'état natif, tandis que le fer n'apparaît que sous forme de minerais. Il en est de même de l'étain, qui attira de bonne heure l'attention à cause de son poids considérable. Quant à l'alliage de ces deux métaux (environ 9 parties de cuivre sur 1 partie d'étain), on remarqua bientôt que ses propriétés étaient bien supérieures à celles de chacun de ces métaux pris séparément, car après avoir sans doute employé le cuivre pur, on découvrit que l'addition d'une petite quantité d'étain le rendait plus fusible, plus élastique et en même temps plus résistant.

Aussi, si l'on doit admettre qu'il ait existé un âge du cuivre antérieur à l'âge du bronze, entre autres dans l'Amérique du Nord, est-il probable que les instruments de ce métal étaient forgés et non fondus.

La découverte de la fonte ne vint que plus tard créer le métal si connu dans l'antiquité sous le nom d'airain, comme en témoignent les livres hébraïques, la Genèse entre autres, lorsqu'ils rappellent la légende de ce Tubal-caïn qui, appartenant à la septième génération après Adam, est appelé « le maître de tous ceux qui travaillent l'airain et le fer ».

Rappelons une fois pour toutes que ce que nous appelons aujourd'hui *le bronze* était connu dans l'antiquité sous le nom d'airain, de *æs*, cuivre. On désignait ainsi tout alliage de cuivre, non seulement avec l'étain, mais avec l'or, l'argent, le plomb ou la calamine. Tel était l'*airain de Corinthe*, alliage de cuivre, d'or et d'argent. Tel était sans doute le bouclier d'Achille que décrit Homère dans l'*Iliade*, la cuirasse d'Agamemnon ou la cuirasse d'Astérapæus. Tels étaient les revêtements et les ornements du Temple de Jérusalem, le taureau d'airain de Carthage évoqué par Flaubert dans *Salammbô*.

Aujourd'hui l'airain n'est plus qu'une expression chère aux poètes, synonyme de dur, d'impitoyable, comme dans l'ode d'Horace :

Illi robur et ÆS TRIPLEX
Circa pectus erat, qui fragilem truci
Commisit pelaga ratem
Primus.

(Un triple chêne, *un triple airain* couvrait le cœur de

Une habitation lacustre de l'âge du bronze (lac de Zurich).

celui qui, le premier, confia aux flots redoutables une barque fragile.)

L'airain est aussi employé poétiquement pour *cloche* :

> L'airain sacré tremble et s'agite...

ou pour canon : « L'airain tonne, l'airain lance la foudre ».

Pour en revenir à l'époque préhistorique, le bronze apparaît, pour la première fois et en plus grand nombre, à l'âge des habitations lacustres, et cela, d'après M. Chantre, sous trois formes de dépôts, celles : *de trésors*, amas d'objets n'ayant pas servi, abandonnés par leurs possesseurs ou par les fabricants, ou déposés en quelque lieu dans une intention votive; de *fonderies* à l'état incomplet, ou de *stations*, dans les villages sur pilotis, les palafittes ou autres habitations de l'âge du bronze.

La plupart des villages lacustres, si connus, de la Suisse, ceux des lacs de Genève, de Zurich, de Bienne, de Neuchâtel, appartiennent à l'âge du bronze. C'étaient des huttes suspendues sur pilotis et dans lesquelles les habitants se trouvaient à l'abri de l'attaque des bêtes sauvages ou d'autres ennemis. D'autres habitations étaient souterraines ou demi-souterraines, et quelques-unes d'entre elles, notamment en Écosse, se distinguent difficilement des tumuli funéraires.

En tout cas, la découverte de moules à fondre le bronze, en Irlande, en Écosse, en Angleterre, en Suisse, en Danemark, prouve que l'art du bronze était connu et pratiqué dans plusieurs pays, quoiqu'on doive cependant lui assigner avant tout une origine orientale.

Quoi qu'il en soit, dans ce livre où nous esquissons surtout l'histoire du bronze au point de vue esthétique, ce qui nous importe tout d'abord, c'est d'examiner les diverses formes sous lesquelles ce métal s'est produit en passant des plus primitives aux plus perfectionnées, des simples armes, outils ou instruments aux plus merveilleuses productions du génie humain. La métallurgie de l'âge de bronze était assez avancée, car les armes et les ornements de cette époque sont tous coulés. Il y avait trois méthodes de coulage. L'une consistait à couler l'alliage dans un moule en pierre ou en métal, formé de deux parties, ainsi que le prouve la ligne de jonction marquée sur les objets découverts.

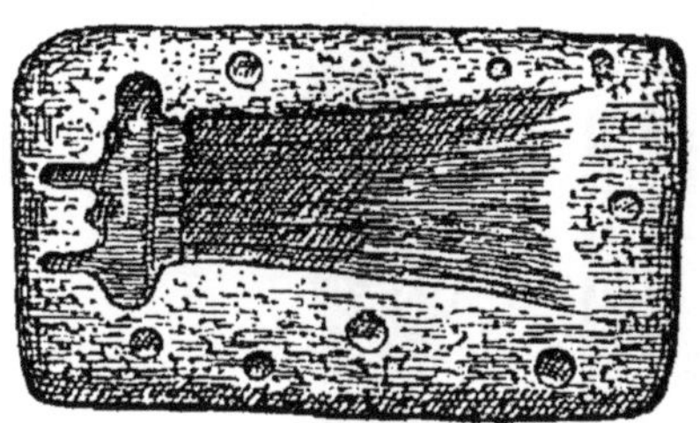

Moule en pierre pour hache de bronze.

Une seconde méthode consistait à faire un modèle en bois de l'objet et à presser ce modèle sur du sable fin, afin d'obtenir un creux correspondant. Le sable était contenu dans deux cadres se plaçant l'un sur l'autre comme les moules solides. Ce procédé était le plus facile et servait aux objets les plus simples.

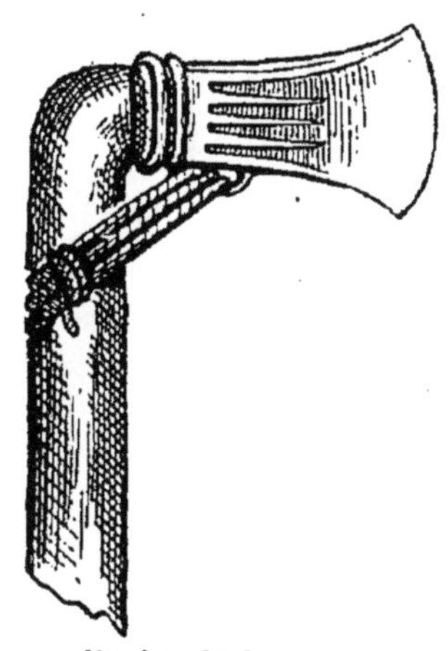

Hache de bronze emmanchée.

Enfin la troisième méthode consistait à couler à la cire. On entourait, comme nous l'avons exposé dans le précédent chapitre, le modèle d'argile mélangée de bouse de vache ou de quelque autre substance inflammable, afin que, soumise à la chaleur, cette terre devint poreuse. On chauffait alors cette enveloppe pour fondre la cire, qui s'écoulait par le trou destiné à l'introduction du métal. C'était, paraît-il, le mode de coulage le plus commun pendant l'âge du bronze. Il nécessitait moins d'outils et ne

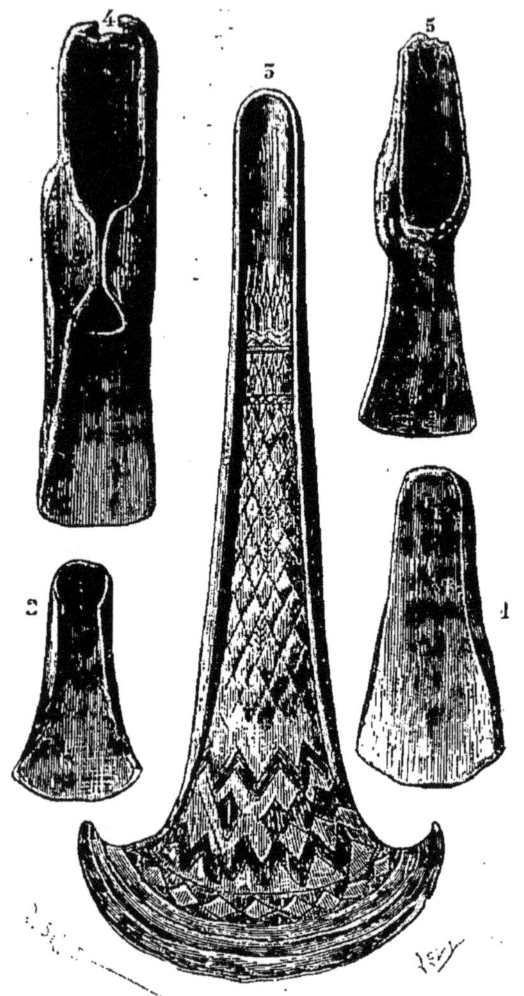

Haches de bronze de l'époque gauloise.

donnait pas, comme les autres procédés, une ligne de jonction toujours difficile à effacer.

Parmi les objets les plus communs et les plus caractéristiques de l'âge du bronze, il faut citer les *celts*, servant de ciseaux ou de haches (de *celtis*, ciseau), divisés en celts plats, celts à rebord, dont les faces sont garnies de côtés, et celts à ailes, dont les rebords s'étendent des deux côtés de la lame de manière à former une douille pour recevoir le manche, et enfin les celts à douille.

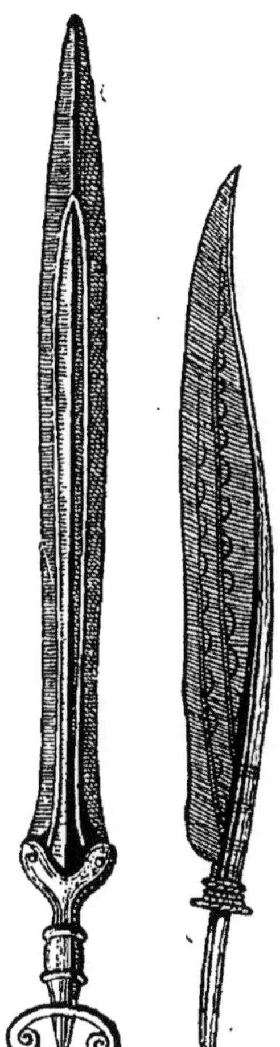
Épée et couteau en bronze.

Quelques-uns de ces instruments sont presque droits, comme les haches en pierre qu'ils étaient appelés à remplacer. D'autres sont évasés, d'autres enfin sont ornés de dessins faits au poinçon ou par une sorte de guillochure. L'Irlande en fournit des types nombreux.

La plupart des celts retrouvés, soit dans l'île de Chypre par le général di Cesuala, soit par le docteur Schliemann, dans les fouilles qu'il a faites pour retrouver la ville de Troie, sont plats comme les haches de pierre qu'ils étaient appelés à remplacer. Quelques-uns même étaient en cuivre pur.

Les plus remarquables, à coup sûr, des armes de l'âge du bronze sont les épées, dont on a retrouvé de si purs et si élégants spécimens dans la plupart des habitations lacustres, principalement en Suisse. Ces épées affectent généralement la forme d'une feuille allongée ; elles sont pointues et à deux fils, faites pour porter des coups de pointe plutôt que de tranchant. Elles sont sans garde, et souvent à poignée plate, ce qui fait supposer que celles-ci étaient recouvertes d'os ou de bois. Enfin dès l'âge du fer, la lame étant faite de ce métal, les poignées seules sont en bronze.

A côté des épées on rencontre les *javelines* ou *flèches* de

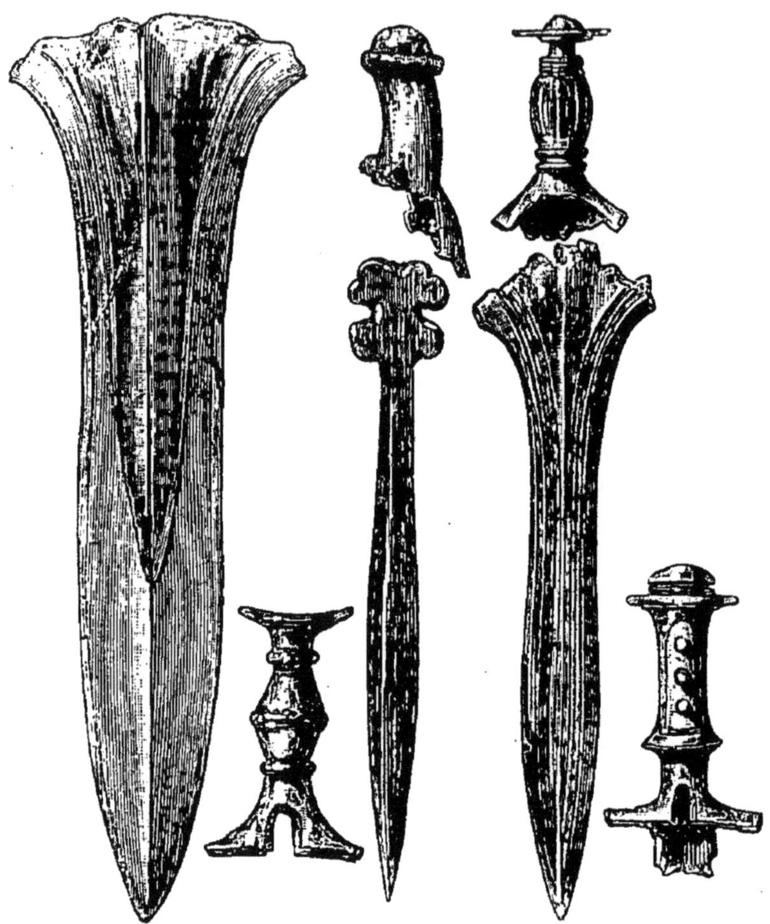

Poignards en bronze.

formes très variées, des *dagues*, des *poignards*, des *pointes* de *lance*, des *couteaux* et *couteaux-rasoirs*, souvent couverts d'ornements, des *hameçons*, etc.

Après avoir énuméré les armes offensives ou les outils de l'âge du bronze, passons aux armes défensives, qui se prêtent davantage à l'ornementation et à la variété des types.

Les premiers *boucliers* étaient d'osier, de bois ou de cuir, comme ceux des naturels de l'Océanie; mais dès que l'on connut le bronze, on put exécuter dans ce genre des œuvres d'une valeur bien supérieure. La grande surface circulaire ou ovale des boucliers permit d'y multiplier les ornements. Ce sont tantôt des lignes concentriques, des bandes avec des boutons alternant avec des filets en relief. D'autres fois tout le travail est repoussé et fait au marteau, ce qui devait exiger une grande habileté de la part des ouvriers.

Quant aux *casques*, on n'en a pas retrouvé datant de l'époque reculée de l'âge du bronze.

Les premiers casques de bronze connus, ceux d'Assyrie et d'Étrurie, appartiennent déjà à l'âge du fer. Cependant on a trouvé un casque étrusque, conservé au *British Museum*, qui date de la bataille de Cumes, en 474 avant Jésus-Christ, et d'autres en Styrie et en Allemagne, très simples, à demi ovales et surmontés d'un simple bouton, qui pourraient avoir appartenu au véritable âge du bronze.

Un instrument qui n'est ni offensif, ni défensif, mais qui servait sans doute à la guerre, c'est la *trompette*, dont on a retrouvé un certain nombre d'exemplaires, mais qui appartiennent probablement plutôt au premier âge du fer qu'à celui du bronze. Les unes sont fondues d'une seule pièce, d'autres sont faites d'une feuille de métal retournée et rivée pour former le tube. Les unes affectent la forme d'une trompe d'éléphant. D'autres sont plus recourbées et quelques-unes munies de piquants autour de leur pavillon, peut-être afin de servir au besoin d'armes défensives. On sait que les trompettes de guerre ont été souvent signalées par les écrivains classiques, entre autres par Polybe et Diodore de Sicile.

Mais c'est parmi les ornements et les bijoux que nous trouverons la plus grande variété de types appartenant aux âges préhistoriques. On sait que l'homme primitif, comme les sauvages actuels, a songé à se couvrir d'ornements avant de s'appliquer à se vêtir. Aussi l'ornement le plus commun, les *épingles*, apparaissent-elles nombreuses et diverses à l'âge du bronze. On en a trouvé dans les palafittes, les tumuli et les cavernes, les unes simples, à tête, d'autres ornées d'or ou de perles en jais, en ambre ou en verre.

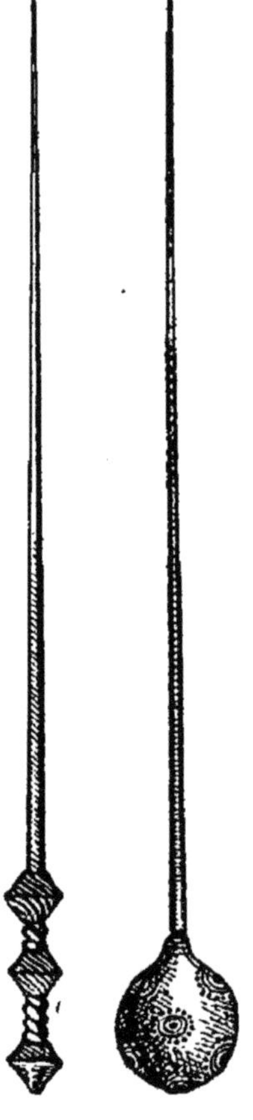
Épingles en bronze.

Quelques épingles sont ornées d'un anneau, d'autres sont tordues régulièrement, d'autres couvertes d'ornements artistement gravés.

Le *torque* (du latin *torquere*, tordre) était un collier en métal tordu, généralement en or, même à l'âge du bronze. Les torques en bronze étaient naturellement plus épais et plus massifs. La forme la plus fréquente porte le nom de funiculaire. Ils sont munis de crochets aux deux bouts, afin de se fixer autour du cou. Parfois ils imitaient une rangée de perles ou étaient ornés de pierres précieuses.

On trouve aussi des *bracelets* du même type; en général, l'intérieur du bijou est plus plat que l'extérieur, sans doute afin de ne pas blesser le poignet.

On rencontre aussi dans la dernière période de l'âge

du bronze des *anneaux* de diverses grandeurs. La plupart sont naturellement circulaires, mais on en trouve en forme de losange qui eussent été mal commodes à porter au doigt, mais qui servaient sans doute à réunir des courroies, des vêtements ou des cordes. Plusieurs, au lieu d'être faits d'une plaque de métal, sont creux. Certains anneaux sont coulés deux à deux et affectent la forme d'un 8. Il en est de trop grands et de trop petits pour être portés au doigt, aussi croit-on qu'ils servaient soit d'agrafes, soit de perles, soit même de monnaie annulaire,

Enfin on a trouvé dans plusieurs tumuli des squelettes de femmes avec des *boucles d'oreilles* en bronze. Elles étaient faites avec des bouts aplatis en forme de coquille, l'autre bout recourbé en épingle pour passer à travers le lobe de l'oreille.

Dans un ciste en pierre on en a découvert une fort allongée, en forme de gouttière et suspendue à un anneau. Cette forme exagérée se retrouve chez certains peuples de l'Afrique septentrionale.

En Allemagne et en Scandinavie, on a trouvé des bandelettes en forme de *diadème*, des spirales plates formées par l'enroulement de longs fils de métal, des bracelets formés de fils métalliques roulés en cylindre et des pendants décorés, surtout dans les habitations lacustres de la Suisse.

Si nous avons pu nous expliquer facilement l'usage des objets que nous venons d'énumérer, il n'en est pas de même de certains autres dont l'usage nous reste à peu près inconnu et qui donnent tous les jours lieu aux hypothèses plus ou moins ingénieuses des archéologues.

Parmi ces objets on a trouvé, en Angleterre et en France, des tubes à boucles en forme de D dont on ne peut s'expliquer l'usage, si ce n'est pour retenir une courroie, une magnifique épingle portant deux gros anneaux qu'elle traverse, des boucles de forme étranger, des coulants, des plaques ovales irrégulières passées autour d'une boucle et qui servaient probablement de grelots qu'on attachait au harnais d'un cheval, des ustensiles de toute forme.

Ce n'est, paraît-il, que vers la fin de l'âge du bronze qu'on a découvert l'art de marteler ce métal, de manière à en faire des lames assez grandes pour être transformées en coupes et en vases, et remplacer les poteries surtout pour les usages funéraires.

Quelque moyen qu'on ait pris pour amincir le métal, certains grands vases de la période de transition entre le bronze et le fer, comme ceux de Hallstadt, sont des exemples merveilleux d'habileté à travailler le bronze. En Écosse, on a trouvé aussi des chaudrons faits de plaques minces de bronze jointes au moyen de rivets.

En général, c'est dans les tumuli qu'on a trouvé les armes ou les ornements dont nous avons parlé, la coutume étant, dans ces âges reculés, d'enterrer avec les morts les armes dont ils devaient se servir dans une autre vie et les bijoux qui devaient les y faire bien accueillir.

Examinons en terminant cette question posée par les savants : Quel est le centre primitif d'où s'est propagé en Europe l'usage du bronze?

Les apparences plaident en faveur de l'Asie occidentale, et je pense que nous ne tarderons pas à nous en convaincre lorsque nous étudierons, dans le prochain chapitre, l'histoire du bronze chez les Chaldéens, les Assyriens, les Perses ou les Phéniciens.

En attendant, on a proposé de rattacher les antiquités du bronze de l'Europe à trois provinces différentes. (Chantre, *Age du bronze*, 2e part.)

1° La province Ouralienne, comprenant la Sibérie, la Russie et la Finlande;

2° La province Méditerranéenne, composée des subdivisions italo-grecque et franco-suisse.

M. Evans assigne la date de 1200 à 1400 avant Jésus-Christ à l'introduction du bronze aux Iles-Britanniques. Il est même probable que les Phéniciens y débarquèrent non pour y apporter le bronze, comme on l'a cru, mais pour y chercher l'étain qu'ils savaient y exister en grande quantité, afin de l'allier au cuivre.

D'un autre côté, en comparant les antiquités de bronze de l'Angleterre et de la France, on y remarque l'absence marquée d'un grand nombre de formes qui abondent dans les habitations lacustres de la Suisse et de la Savoie. La proportion considérable des bijoux et ornements par rapport aux outils et aux armes est non moins frappante.

Aussi existe-t-il évidemment un lien plus intime entre les antiquités en bronze du midi de la France et celles de la Suisse et de l'Italie septentrionale qu'avec celles du nord de la France.

Ce qui peut nous éclairer sur l'expansion du commerce à l'âge du bronze, c'est la présence dans l'Europe occidentale et septentrionale du verre et de l'ivoire dans les ornements, ces matières ne pouvant être des productions indigènes. C'est pourquoi il nous semble fort probable que beaucoup d'objets en bronze retrouvés dans les tumuli, les trésors ou les stations étaient d'origine asiatique. Mais, quel que fût le lieu de leur fabrication, tout fait croire qu'ils ont été importés ou répandus sur les divers points de l'Europe par les Phéniciens, qui furent les premiers navigateurs et les plus anciens commerçants de l'ancien monde.

III

LE BRONZE CHEZ LES ANCIENS PEUPLES DE L'ORIENT

Ce serait nier l'évidence et marcher contre le courant civilisateur que de supposer une autre origine au bronze que celle de l'Extrême Orient. Tout ne nous vient-il pas de ces pays de l'histoire la plus ancienne à laquelle la mémoire de l'homme puisse remonter, depuis la poésie de l'Inde jusqu'aux inventions pratiques de la Phénicie, depuis les plus obscures légendes jusqu'aux arts, aux métiers et aux sciences, répandus au nord de l'Afrique et au midi de l'Europe par le grand mouvement civilisateur des Maures?

C'est dans ces contrées primitives d'où part le soleil pour se diriger sur notre Occident, que le sentiment de l'art s'est tout d'abord révélé. Prenant sa source dans l'Inde ou dans l'extrême Orient avant de sortir d'Asie, le grand fleuve d'or forma deux courants parallèles, l'un traversant l'Assyrie et la Chaldée par la vallée de l'Euphrate, l'autre allant se déverser en Égypte, dans la vallée du Nil.

C'est sous des espèces de tumuli appelés *tells* que les archéologues modernes ont exhumé des débris de la plus haute antiquité asiatique. Une stèle du roi Nabu-pal-iddin, trouvée à Abn-Habbu, représente le tabernacle du dieu Samos, supporté par des colonnettes recouvertes de plaques de bronze imbriquées simulant un tronc de palmier. C'est ainsi que, chez les Chaldéens, le bronze contribuait à la consolidation ou à l'ornement des monuments. M. de Sarzec parle de pivots servant à la fermeture d'une porte de palais, qui étaient revêtus de bronze pour en éviter l'usure.

Mais c'est surtout à la sculpture que s'appliquait le métal. Les Chaldéens travaillaient le bronze avec autant d'habileté que la pierre. On a retrouvé des statuettes de la forme la plus primitive. L'une d'elles, rappelant l'art grossier de l'âge du bronze, n'est qu'un cylindre dont, la partie supérieure est munie d'une tête humaine et de bras. Cette tête hideuse est surmontée de cornes. Une autre représente un taureau couché, une troisième plus complète est un homme barbu et coiffé d'une tiare, qui tient entre ses mains la base d'un cône. Une canéphore, mieux modelée encore jusqu'à la ceinture, se termine aussi comme un lingot allongé. Une statuette trouvée à Tello témoigne déjà d'un grand progrès dans l'art de la sculpture. C'est un lion accroupi et rugissant qui porte sur son dos le fragment inférieur d'une figure humaine, un prêtre sans doute, dont la robe raide et cylindrique est ornée de gravures représentant des rosaces et des franges.

Chez les Assyriens, on a retrouvé, dans les ruines de Khorsabad, un fragment de poutre de cèdre, de la grosseur d'un homme, encore enveloppé, comme la colonne d'Abn-Habbu, d'une feuille de bronze ornée de dessins au repoussé imitant l'écorce d'un tronc de palmier. Dans le palais de Sargon à Dur-Sargin datant de l'an 710 avant notre ère, on a recueilli un fût de colonne en bois recouvert d'une gaine en bronze, ce qui confirme la présomption que la pierre manquant aux Assyriens pour élever des colonnes comme en Égypte, ils étaient forcés de se servir du métal pour étayer leurs supports de bois. D'après Hérodote, la gigantesque tour à étages ou *zigurat* de Khorsabad était en partie plaquée d'or et d'argent et peut-être même de bronze. On y a trouvé aussi, ainsi qu'à Tello, la représentation de grandes cuves probablement d'airain, comme celle du temple de Salomon, qui servaient à recueillir l'eau lustrale.

Sous les Sargonides, l'art métallurgique avait de beaucoup dépassé les manifestations que nous avons rencontrées chez les Chaldéens. On a trouvé dans les fouilles de ce pays un grand nombre de statuettes, de bas-reliefs repoussés au marteau, de vases, d'ustensiles, d'armes et de bijoux de bronze. Le plus important des monuments assyriens de ce métal, c'est une série de bandes qui revêtaient les portes du palais de Salmanazar III à Balawat. Elles étaient ornées de sujets repoussés en relief représentant les expéditions de ce souverain. On les trouva appliquées sur des vantaux en bois de 7 à 8 mètres de haut. Les sujets exécutés sont des batailles, des paysages, des arbres, des rivières, des montagnes et des personnages assez sommairement indiqués. C'est, d'après M. Perrot, une des œuvres les plus remarquables de l'art assyrien.

Certains vases de bronze sont de vrais chefs-d'œuvre, ainsi que des seaux sur lesquels on voit reproduits en relief des têtes de lion, des fleurs, des rosaces. Une statuette de lion trouvée à Khorsabad, d'une grande vérité d'expression, une grande tête de vache déterrée à Bagdad, une sirène de bronze, de la collection de M. de Vogüé, et un monstre à quatre ailes du musée du Louvre sont de précieuses reliques de l'art du bronze en Assyrie.

Cette dernière figure, à en juger par son inscription cunéiforme, représente *le Démon du vent du sud-est*. Ce monstre avec son corps difforme, ses griffes de lion, sa tête aux yeux flamboyants et sa gueule rugissante, touche à la caricature, mais dans le sens terrifiant. Une plaque de bronze à deux faces, appartenant à la collection de M. de Clerq, représente l'*Enfer assyrien*. L'une des faces est occupée par un monstre à quatre ailes, analogue au précédent, qui regarde par dessus la plaque; de l'autre côté, la tête du monstre domine une série de tableaux disposés en quatre registres : en haut les figures symboliques des astres; plus bas une file de sept personnages vêtus de longues robes avec des têtes d'animaux. Ce sont

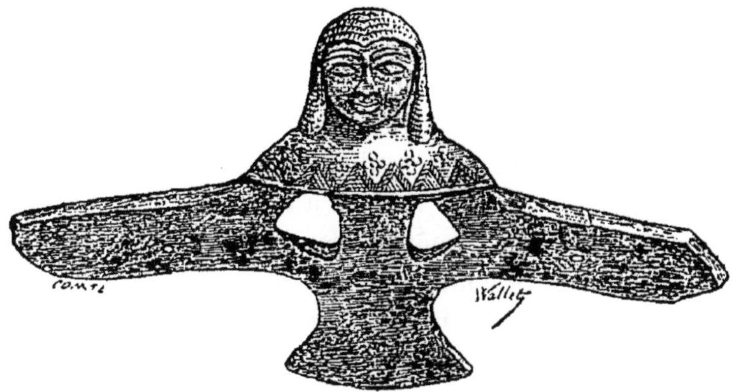

Oiseau à tête humaine, bronze assyrien.

les génies célestes appelés Ighigs. Puis vient une scène funéraire et, dans le champ inférieur, représentant la mer indiquée par des poissons, un cheval est agenouillé sur une barque, tandis qu'un monstre se tient sur son dos en agitant des serpents dans ses mains. Enfin un *étendard royal ciselé* et un *lion accroupi*, de la collection de Vogüé, complètent ces remarquables trouvailles de l'art du bronze en Assyrie, ainsi que des bijoux, tels que des bracelets, pendants d'oreille et colliers sur lesquels figure une croix analogue à la croix de Malte.

L'oiseau à tête humaine, prototype de la Harpie et de

la Sirène des Grecs, se rencontre très fréquemment dans l'ornementation des vases et des ustensiles assyriens. Il était, autant que peut le montrer le spécimen conservé au Louvre, utilisé par les fondeurs et les ciseleurs en bronze, comme plaques d'attache, fondues et gravées ensuite au burin, et fixées, à l'aide de clous rivés, sur des vases de métal battus au marteau, vases dont le diamètre se laisse facilement apprécier par la courbure de ces plaques. Ces plaques d'attache donnaient de la force au vaisseau à l'endroit où se trouvaient les anses, mobiles comme celles de nos seaux; ces anses étaient passées dans la bélière ou fixées au dos de la figurine. La tête de la figurine servait à manier le vase lorsqu'il était placé sur une table, l'anse étant abaissée. Cette forme a été choisie ici par l'artisan à cause du service qu'elle pouvait lui rendre, la queue et les ailes se prêtant très bien à épouser les rondeurs du vase et à lui donner de la solidité; mais cet emploi même prouve que le type appartenait au répertoire courant de l'ornemaniste[1].

Les tombes de la Chaldée et de l'Assyrie renfermaient des bracelets et des pendants d'oreilles en forme de cylindres amincis aux deux bouts. A Khorsabad on a recueilli des colliers et l'on possède au Louvre un bracelet de bronze de cette époque qui se termine par des têtes de lion. Les rois et les génies de Babylone et de Ninive étaient couverts de colliers, de pendants d'oreille, de diadèmes et de bracelets ainsi que nous le montrent les figures des bas-reliefs.

Les Assyriens connaissaient l'art de la damasquinure, qui rendit célèbres, au moyen âge, les glaives fabriqués dans cette région même, à Damas et à Bagdad; les armu-

1. Perrot et Chipiez. — *Histoire de l'Art dans l'antiquité*. Hachette et Cie, éditeurs.

riers arabes ne faisaient peut-être qu'appliquer là des procédés qui se seraient transmis, de temps immémorial, dans les ateliers des cités orientales. Ce qui est certain, c'est qu'on a trouvé à Nimroud deux petits cubes de bronze où, sur une des faces, un fil d'or, que le marteau a su incruster dans l'airain, dessine la figure d'un scarabé étendu.

De l'empire des Mèdes ou de la Perse qui n'en était qu'une satrapie, il ne nous est rien resté, avant l'époque de Cyrus (545-529 avant J.-C.) que les ruines de Suse, de

Cube damasquiné d'or, bronze assyrien. (Musée du Louvre).

Persépolis et de Persagade. Cyrus avait fait venir dans cette dernière résidence les prisonniers de guerre qu'il avait faits à Babylone et dans les villes grecques de l'Ionie et ce sont eux qu'il avait chargés de la construction et de l'ornementation de son palais. Pline cite un fondeur de bronze, Téléphanès de Phocée, qui passait aux yeux des contemporains pour le digne émule de Polyclète, de Myron et de Pythagoras, et que les rois de Perse, Darius et Xerxès, attirèrent à leur cour. On a pu juger récemment, par l'exposition des riches trouvailles de M. Dieulafoy, de la perfection de l'art indien, à cette époque, évidemment conçu sous la triple influence chaldéo-assyrienne, égyptienne et gréco-ionique.

De même que les Babyloniens, les Perses aimaient à se couvrir d'ornements et de bijoux, d'orfèvrerie, de broderies et de tapisseries; leurs cylindres et leurs cachets portent un caractère d'originalité incontestable.

Le trait d'union entre la Syrie et l'Égypte se trouva formé par la Palestine, et l'art judaïque est tout entier résumé dans le *Temple de Jérusalem*. La Bible nous a livré la longue description de cet édifice construit et décoré par des ouvriers phéniciens. Mais aujourd'hui il ne reste des constructions fastueuses de Salomon que les citernes et le côté oriental de la seconde cour.

Incendié par un lieutenant de Nabuchodonosor, le temple fut reconstruit après la captivité de Babylone, mais dans de proportions moins grandioses puis restauré d'après les plans de Salomon, par le roi Hérode. La porte principale appelée *Porte Nicanor* était revêtue de vantaux en bronze de Corinthe. Il fallait vingt hommes pour les mouvoir et les fermer.

« Quand, dit l'historien Josèphe, les rayons du soleil levant frappaient sur les lames de métal qui recouvraient les portes et le toit du sanctuaire, quand ils éclairaient les dorures de la façade et la gigantesque vigne d'or qui s'enroulait sur le marbre blanc du pronaos, les yeux éblouis étaient obligés de se retourner, et l'étranger qui apercevait au loin le Temple croyait voir une montagne couverte d'une neige étincelante. »

L'intérieur de la maison de l'Éternel était orné avec un luxe inouï; les accessoires du culte, vases sacrés et candélabres, bassins, ustensiles divers, en bois précieux, or, argent bronze, ivoire, pierreries, étaient dus à des ciseleurs et à des fondeurs d'une remarquable habileté. L'arche d'alliance était abritée sous deux immenses *Keroubins* en bois incrustés de lames d'or. L'arche elle-même, en forme de nef, était en bois d'acacia recouvert de lamelles d'or. La table des pains, les chandeliers à sept branches étaient en or. Enfin deux colonnes du parvis des prêtres étaient couronnées de chapiteaux de bronze, de cinq coudées de haut, et avaient la forme d'une fleur de lis épanouie, dont la partie inférieure renflée était couverte d'un ornement réticulé compris entre deux rangées de grenades.

C'est dans le parvis des prêtres, près de l'autel des holocaustes, recouvert de bronze, que se trouvait la fameuse *mer d'airain*, vaste réservoir d'eau lustrale. Cette cuve de bronze qui avait la forme du calice d'une tulipe avait 5 coudées de haut (2 m. 65) et 10 coudées (5 m. 25) de diamètre. Sa circonférence était de 30 coudées. Elle contenait 400 hectolitres. Elle était supportée par douze figures de bœufs en bronze, groupées trois par trois et qui devaient être plus grands que nature. Pour y puiser, on avait construit dix cuves roulantes aussi en bronze, chacune portée sur quatre roues. Elles étaient décorées de palmes, de coloquintes, de bœufs et de lions ailés en relief.

Quant aux Phéniciens, ils ne possédaient pas précisément un art original, leurs produits portant l'empreinte des styles assyrien et égyptien. Mais ce sont eux qui ont colporté sur toutes les côtes l'art des grandes civilisations asiatiques. En Syrie, en Cypre, à Malte, à Carthage, on cherche en vain des vestiges de leurs monuments, de leurs statues ou de leurs bijoux. Dans le temple de Curium, dans l'île de Cypre, M. di Cesuala a découvert récemment le fameux *trésor de Curium*, composé de la vaisselle du temple et des ex-voto offerts à la divinité. Dans les sarcophages phéniciens, on a trouvé des cercueils en bois de cèdre avec appliques de métal représentant généralement des mufles de lion en bronze. On y rencontre aussi des lampes, des amphores, des amulettes et des bijoux, surtout

Figure syrienne en bronze d'Astarté.

dans les tombeaux des femmes qui étaient ensevelies avec leurs colliers, leurs bagues, leurs bracelets, leurs pendants d'oreilles, leurs miroirs de métal et leurs boîtes à cosmétiques et à parfums.

Le bronze que nous représentons plus haut, que l'on a tout lieu de croire fondu en Syrie, doit être une image d'Astarté, la déesse chère aux Phéniciens, dont les temples sont célèbres dans l'histoire des religions passées. La tête

Le trépied du musée de New-York, bronze phénicien.

est surmontée du disque de la planète et des cornes de la lune. L'ureus se dresse au front de la déesse comme au front d'une Isis égyptienne.

Un des côtés les plus originaux de l'art phénicien, c'est la fabrication de coupes en bronze, en or ou en argent, ciselées ou repoussées au marteau. Salomon avait fait appel aux artistes de Tyr et de Sidon pour le mobilier du temple de Jéhovah. Les coupes phéniciennes trouvées à Nimroud, en Cypre, sont des spécimens de celles décrites par Homère. Le trésor de Curium a fourni à M. di Cesuala un grand nombre de poteries et notamment un fragment représentant des lions debout, tenant des œnochées et vêtus d'une peau de poisson comme le dieu Anon. Cette pièce est au musée de New-York, de même qu'un superbe trépied aux élégantes modelures.

Chez les Égyptiens, nous trouvons les vrais modèles de l'art phénicien ou judaïque, du style le plus pur et le plus achevé. Le bronze était leur métal favori. Le fer était considéré par eux comme impur. Ils l'appelaient *l'os de Typhon* et le tenaient pour funeste.

Chaque espèce de bronze avait son emploi. Le bronze ordinaire pour les armes, les amulettes et les ustensiles de ménage; les bronzes alliés d'or et d'argent pour les miroirs, les armes de prix et les statuettes de luxe. Les autels, les armes, les anneaux et autres objets communs étaient en partie forgés, en partie coulés dans des moules en terre réfractaire. Toute œuvre d'art était coulée en un ou plusieurs morceaux, selon les cas; les pièces étaient ensuite ajustées, soudées et délicatement retouchées au burin.

La plupart des ustensiles de ménage égyptiens étaient en bronze; l'art et le métier se mariaient si bien que le chaudronnier lui-même s'appliquait à donner à ses œuvres une forme élégante et des ornements de bon goût. Telle marmite de Ramsès III était supportée par des pieds de lion.

L'anse d'une bouilloire représente une fleur de papyrus, le manche des couteaux ou des cuillers est un cou de canard ou d'oie recourbé, un bol est une gazelle liée, une poignée de sabre est un chacal, une paire de ciseaux du musée de Boulaq a, pour branche principale, un captif asiatique, les bras derrière le dos, un miroir est une feuille de lotus, une boîte à parfum un poisson, un oiseau ou un dieu grotesque. Partout l'imagination déborde, témoin cette délicate cuiller à parfums représentant une svelte et fine nageuse guidée dans sa course élégante par un oiseau aux ailes éployées.

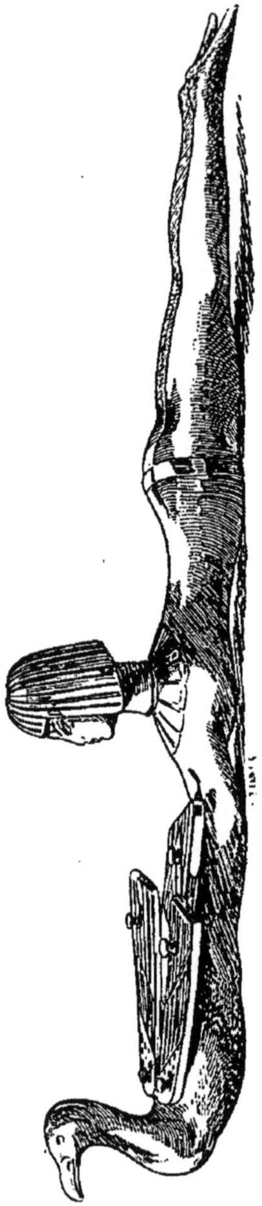

« Quant aux statuettes artistiques représentant des idoles, on n'en a pas retrouvé qui soient antérieures à l'expulsion des Hyksos, c'est-à-dire appartenant à l'ancien empire des Pharaons. Quelques figures trouvées à Thèbes sont de la dix-huitième et de la dix-neuvième dynastie, telles que la tête de lion ciselée qui faisait partie des bijoux de la reine Ahhatpau, *l'Harpocrate* de Boulaq et plusieurs Ammons découverts à Médinet-Haban.

Cuiller à parfums, bronze égyptien.

« Quelle que soit — écrit M. Perrot dans son *Histoire de l'Art* — la matière qu'emploie le statuaire, le plus haut emploi de son talent, c'est l'imitation de la figure humaine; mais il n'a pas non plus *dédaigné* de copier ces animaux à beaucoup desquels on rendait un culte. De la plupart d'entre eux, nous dossédons d'excellentes représentations. On en jugera par cette statuette de chatte, en bronze, choisie presque au hasard dans l'une des vitrines du Louvre. »

Le lion n'a pas été moins bien rendu. Témoin le lion de Boulaq, que nous représentons ici, dont le corps est

La chatte du Louvre, bronze égyptien.

modelé avec une singulière puissance et un accent sincère de vérité. Comme nous l'apprend le bout de chaîne qu'il porte entre ses pattes, il décorait une sorte de cadenas.

Le petit sphinx de bronze de la Salle historique du Louvre, d'une allure si élégante, nous conserve, selon

M. de Rougé, le portrait du roi Ouaphra, l'Apriès des Grecs.

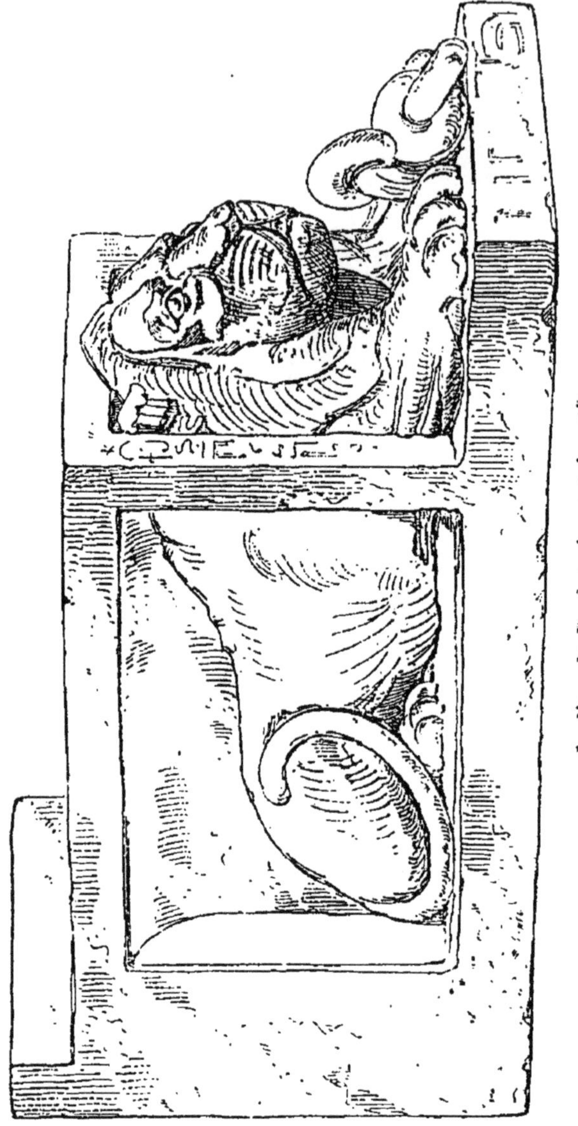

Le lion de Boulaq, bronze égyptien.

Les pièces les plus importantes appartiennent à la vingt-deuxième dynastie ou lui sont postérieures; beaucoup d'entre elles ne remontent pas plus haut que les premiers Ptolémées. Une statue votive du roi Pétau-

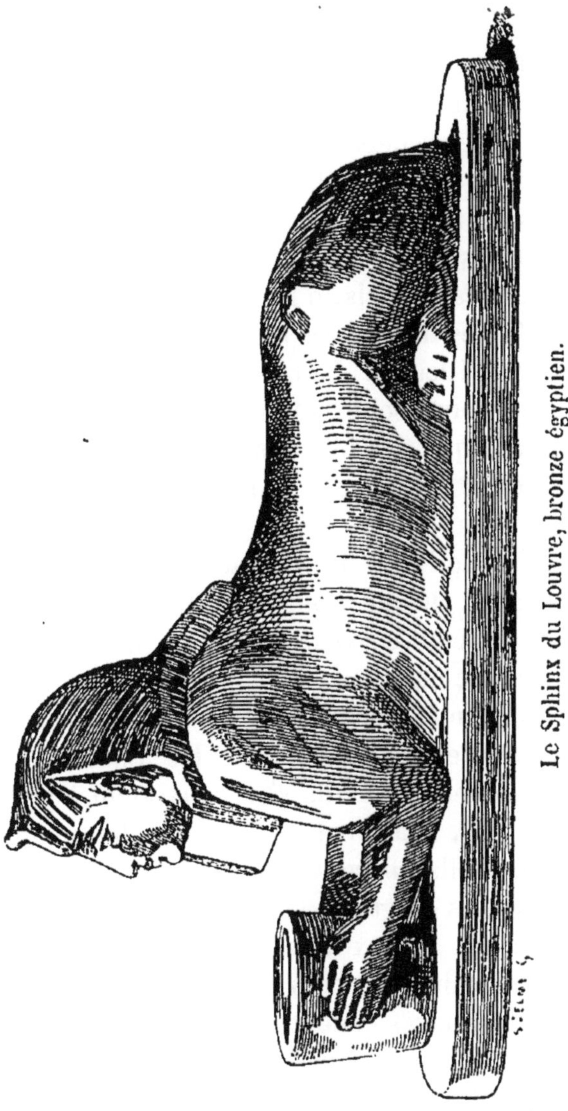

Le Sphinx du Louvre, bronze égyptien.

khanan recueillie dans les ruines de Tunis, aux deux tiers de grandeur naturelle, quatre figures de la collection

Pasna, qui sont au Louvre, et le génie agenouillé de Boulaq, sont originaires de Bubastis et datent d'avant Psammétik Ier. Il en est de même de la dame Pakoushit, gracieuse statue vêtue d'une robe collante, brodée de scènes religieuses, qui est évidemment un portrait. Le cuivre dont cette statuette est fabriquée est fortement mêlé d'or et a des reflets doux qui se marient de la façon la plus heureuse avec le riche décor de la broderie.

Les génies du temple d'Héliopolis ont la tête d'épervier et présentent des attitudes d'adoration. En outre des milliers de statuettes d'Osiris, d'Isis, de Neptys, d'Hor, etc., ont été retirés des décombres de Saqqarah, de Bubaste et de toutes les villes du Delta. Les unes, travaillées et fondues avec soin, sont vraiment précieuses, mais la plupart ne sont que des bibelots de commerce à l'usage des dévots et des pèlerins, dans le genre de nos objets de sainteté.

L'application de l'or et de métaux nobles sur le bronze était fréquente. Quand l'or renfermait 20 pour 100 d'argent on l'appelait *electrum* (asimon). Il avait alors une belle teinte jaune clair.

Les Égyptiens n'étaient pas moins amateurs de bijoux que les Asiatiques et notamment les Chaldéens et les Assyriens. Non seulement ils s'en couvraient à profusion pendant leur vie, mais encore, comme les peuples de l'âge du bronze, ils en couvraient le cou, les oreilles, le front, les bras, les doigts et les chevilles de leurs morts. Beaucoup de ces bijoux funéraires n'étaient que des objets de parade fabriqués pour la circonstance. Cependant les grands personnages étaient inhumés avec leurs bijoux personnels et l'on s'en aperçoit à la perfection de la matière et du travail. Les bagues étaient nombreuses, car elles n'étaient pas un simple ornement, mais un objet de première nécessité, les pièces officielles étant scellées et non signées, et le cachet faisant foi en justice. Chaque Égyptien, riche ou pauvre, avait sa bague à cachet, qu'il portait constamment sur lui, en cuivre ou en argent pour les uns, en or et en pierres précieuses pour les autres. Le chaton mobile tournait sur un pivot. Il était souvent incrusté d'une pierre portant l'emblème ou la devise du propriétaire, un scarabée, un lion, un épervier, un cynocéphale. Pour la femme, la chaîne était l'ornement indispensable. Quelques-unes mesuraient plus d'un mètre de long. A Berlin se trouve la parure complète d'une Candace égyptienne, au Louvre celle du prince Psar, à Boulaq celle de la reine Ahhatpan, la plus complète de toutes.

La momie de cette reine avait été enlevée vers la fin de la vingtième .dynastie, et enfouie par les voleurs avant qu'ils eussent eu le temps de la dépouiller en sûreté. Elle ne fut découverte qu'en 1860 par des fouilleurs arabes. Elle contenait des bijoux, un manche d'éventail lamé d'or, un miroir de bronze doré à poignée d'ébène garnie d'un lotus d'or ciselé, des bracelets très ornés, un collier, une plaque pectorale qui servait à cacher les seins; un poignard à lame d'or avec corps en bronze noir portait, comme plusieurs des autres bijoux, le nom d'Ahmas. Un autre poignard de la reine a la lame en bronze jaunâtre emmanchée d'un disque d'argent.

Sous la dix-neuvième dynastie, la décadence s'accentue en approchant de l'ère chrétienne. L'influence grecque se substitue peu à peu à l'art hiératique égyptien, et finit par en détruire toute l'originalité typique.

La Sardaigne, où la domination phénicienne et carthaginoise a laissé de si curieux vestiges, fournit aussi de précieux documents à l'histoire méditerranéenne du bronze. « Dans les régions de l'île où se rencontrent des édifices ou dans leur voisinage immédiat, on a recueilli, sur bien des points, des objets de bronze qui offrent un caractère très singulier. Ce sont des figurines représentant des hommes ou des animaux, ce sont des armes et des ustensiles divers. Les statuettes surtout méritent d'attirer l'attention par l'étrangeté de leur style dur et sec, par certaines particularités de facture, par la variété des costumes et des attributs. Elles sont toujours de petite

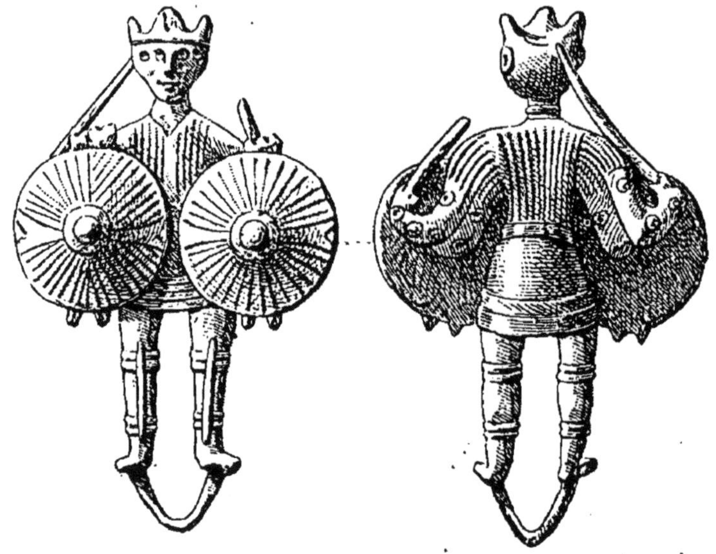

Statuettes de bronze de Teti. (Sardaigne.)

dimension : il y en a qui n'ont pas la longueur d'un doigt, et les plus grandes n'atteignent pas 25 centimètres. » Ces curieux spécimens de l'industrie sarde du bronze sont du reste fort rares en Europe; elles abondent par contre dans les musées de Cagliari et de Sassari, et dans les collections particulières, dont l'une des plus riches est celle de M. Léon Gouin, que nous avons visitée au cours de nos pérégrinations. Détail curieux, ces statuettes présentent souvent, comme celle que nous figurons ici, et qui a été découverte à Teti, deux et même trois paires d'yeux et de bras. Cette multiplication des membres et des organes, l'entassement d'armes et de boucliers qui en résulte, semble montrer que l'artiste a voulu représenter une divinité, un être supérieur au commun des mortels. Ces statuettes, toutes différentes les unes des autres, étaient probablement coulées à moule perdu.

De nos jours, le travail oriental du bronze n'a guère progressé. Le mahométisme, en interdisant toute reproduction des êtres animés, a arrêté l'essor de l'art, comme l'avait fait le hiératisme égyptien. L'artiste oriental en est réduit à reproduire des ornements, des entre-croisements ingénieux, mais sans vie, des fleurs, des fruits, des rinceaux, des arabesques avec devises en langue arabe ou coufique.

Au commencement du septième siècle, le peuple arabe était encore plongé dans le culte des idoles. Mais Mahomet se présenta comme le Prophète envoyé pour rétablir la croyance d'Abraham, sous la formule : « Dieu est Dieu et Mahomet est son prophète ». Ce fut une énergique réaction contre l'idolâtrie. Celle-ci était absolument interdite par le Coran. Mais Mahomet leur avait ordonné de marcher à la conquête du monde. Aussi s'emparèrent-ils d'abord de l'Égypte, puis s'étendirent à l'est jusqu'à l'Indus, à l'ouest dans l'Asie Mineure et jusqu'à Constantinople. Ils suivirent ensuite la côte de l'Afrique, tout le long de la Méditerranée, envahirent l'Espagne et cherchèrent même à s'emparer de la Gaule. Sous le nom de Sarrasins ils furent enfin repoussés à la bataille de Poitiers.

Sans doute, sous leur domination, les sciences, les arts et l'industrie florissaient à Bagdad, au Caire et à Cordoue. Partout s'élevaient de magnifiques mosquées. Mais, avec les défenses du Coran, la liberté d'imagination restait ilmitée. Elle se trouvait reléguée dans la représentation du monde inorganique, à l'exception du règne végétal. Aussi l'art moresque se concentre-t-il tout entier dans l'architecture. « En interdisant la représentation de la figure humaine et des animaux, la religion de Mahomet, dit M. Charles Blanc, a condamné l'architecture arabe à une ornementation purement optique, sans signification et sans vie. Il faut que le soleil vienne inonder ces portiques, sous lesquels on voit se croiser, comme dans un rêve, ces enchevêtrements, ces arabesques, ces fleurons, ces entrelacs, ces figures fantastiques, ces caractères coufiques, ces ogives, ces voûtes en stalactites, pour leur donner un charme poétique et voluptueux. »

L'influence arabe se prolongea dans les Indes, dont l'architecture surchargée d'ornements est plus libre, par exemple, au point de vue de la sculpture, qui lui permet de représenter des dieux sous la figure humaine, des éléphants, des vaches, des singes. Mais, au point de vue de la sculpture en bronze, aucun progrès ne se produit. Les Orientaux traitent merveilleusement l'acier ou d'autres métaux, dans la fabrication de leurs armes et de leurs bijoux, mais, au point de vue de la statuaire proprement dite, ils n'ont rien appris et rien oublié.

IV

LE BRONZE CHEZ LES GRECS.

Il était réservé à l'art grec de fournir les plus beaux modèles de sculpture en bronze. Plus que le marbre même, le bronze se prêtait à l'élégance, à la netteté des contours, à la liberté de l'allure et, tandis que les artistes grecs sculptaient en or et ivoire les images de leurs dieux destinées à être placés dans le sanctuaire, en marbre les ornements du temple même, frises, frontons, métopes et autres, ils réservaient le bronze pour les statues isolées, placées à l'extérieur et capables de supporter les violences du temps.

Sans vouloir examiner tout d'abord la question controversée de savoir si la statuaire des Grecs procéda directement des Égyptiens, le fait est que leurs premières idoles étaient d'abord des pierres grossières, analogues aux menhirs, plantées en terre, puis des bornes ou poutres à tête humaine, appelées *xoana*, aux yeux clos, aux bras collés au corps, aux jambes immobiles, à peine indiquées. On les revêtait même d'étoffes à certaines époques solennelles, ainsi qu'on l'a dit de l'*Athena* conservée à Athènes dans l'Erechteion, ou de l'Artémise de Délos. Un sculpteur légendaire, venu d'Égypte, Dédale, ouvrit le premier les yeux des divinités aveugles, détacha de leur corps les bras emmaillottés contre les flancs, sépara les jambes et les pieds cloués ensemble, comme chez les antiques Égyptiens, dans une raide immobilité.

Évidemment ce Dédale est un mythe qui représente toute une série d'époques d'initiation et de progrès. Ainsi naquirent peu à peu, sous le ciseau savant et sublime des artistes grecs, les deux types humains qui nous sont restés et qui demeureront éternellement nos modèles : le type masculin représentant la puissance, la force ou la beauté, avec Zeus, Héraklès ou Apollon; le type féminin résumé dans Athéna ou Vénus.

Mais revenons à notre bronze, à la statuaire métallique. C'est à Damas que se développe d'abord l'art de *travailler les métaux*. C'est à deux artistes de ce pays, Rhoecos et Théodoros, qu'on attribue l'invention de la fonte en forme, c'est-à-dire l'art de couler le bronze autour d'un noyau d'argile. Les fouilles récentes d'Olympie ont, d'un autre côté, fait découvrir une tête de Zeus en bronze, composée de morceaux de métal rivés ensemble, comme le sont encore certaines statues du douzième ou du treizième siècle.

Des maîtres crétois apportèrent à Sicyone des statues de dieux d'une technique encore supérieure. Tandis que Théodoros était appelé à Sparte pour y élever la *Skias*, édifice métallique en forme de tente, le Magnésien Bathyclès exécute pour le temple d'Apollon un trône magnifique, orné d'or et d'ivoire, où se déroulaient en relief les principaux mythes helléniques.

L'Apollon de Bathyclès ou Apollon d'Amyclée consistait en une colonne de bronze, pourvue d'une tête, de mains et de pieds. La tête était casquée; l'une des mains tenait un arc, l'autre une lance. Une tunique, que l'on renouvelait chaque année, dissimulait la rigidité du corps et tombait jusque sur les pieds. Le visage était doré. Cette statue avait pour piédestal un tombeau, celui d'Hyacinthe, construit en forme d'autel. Elle avait trente coudées, c'est-à-dire quarante-cinq pieds de hauteur. Un trône gigantesque fut plus tard élevé derrière l'idole, qu'il entourait, comme un chœur, de trois côtés. Ce trône était un véritable monument : il était revêtu tout entier d'ivoire et d'or : quatre statues, deux grâces et deux Saisons, en formaient

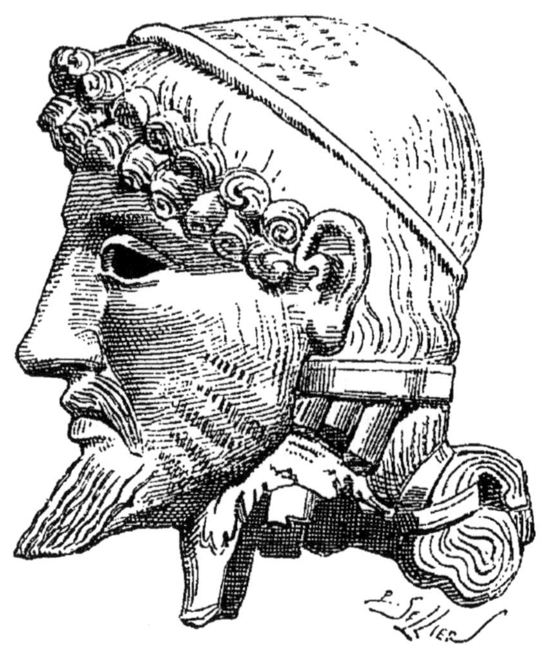

La tête de Zeus d'Olympie.

les pieds. Des sièges étaient rangés à droite et à gauche dans l'intérieur de cette espèce de chapelle. Des bas-reliefs, divisés en quarante-deux compartiments, et représentant des dieux et des déesses, des personnages fabuleux ayant donné leurs noms aux montagnes et aux fontaines de la Laconie, en décoraient les surfaces. Le tombeau d'Hyacinthe était également orné de sculptures. Ce trône, dont l'élévation devait égaler au moins celle de la statue, était l'ouvrage de Baticlès de Magnésie, un des maîtres les plus célèbres de l'école asiatique, qui, après la prise de Sardes, s'était retiré avec ses élèves chez les Spartiates, alliés de

L'Apollon en bronze d'Amyclée.

Crésus. Bien que la beauté du monument d'Amyclée eût été sans doute justement vantée, la réunion de ce siège magnifique et de ce colosse rigide qui ne pouvait s'y asseoir avait quelque chose de barbare et ne devait satisfaire ni l'esprit ni les yeux[1].

Le plus illustre des premiers artistes grecs du bronze est Kanakhos, dont il nous reste deux statues en bronze; l'un est au musée britannique et la seconde au Louvre. Le premier, connu sous le nom de bronze *Payne-Knigh* représente Apollon, avec la chevelure régulièrement bouclée autour du front, comme les dieux assyriens ou Égyptiens. La pose est un peu raide, mais les formes harmonieuses et élégantes. L'*Apollon de Piombino*, du Louvre, ou *Apollon Didyméen*, découvert à Piombino en Toscane, est encore plus caractéristique. Ses yeux, vides aujourd'hui, étaient d'argent, les lèvres et les boutons des seins sont incrustés en cuivre rouge, et sur le pied gauche on lit l'inscription suivante : Αθαναα δεκ αταν « Dédié à Athéna, avec le produit de la dime ». L'Apollon Didyméen était figuré debout, tenant de la main gauche un arc, et de la main droite un cerf.

Parmi les marbres d'Égine, entre autres dans les frontons restaurés par Thorwaldsen pour la glyptotèque de Munich, certaines parties des statues étaient peintes et plusieurs accessoires exécutés en bronze.

Quoiqu'on soit fort peu certain que le *bouclier d'Achille* ait jamais existé, il a été cependant reconstitué par M. Quatremère de Quincy, d'après la description qu'Homère en fait dans l'*Iliade*, et dont voici les traits principaux (chant XVIII de l'*Iliade*) :

« Vulcain jette dans un brasier l'impénétrable airain, l'étain, l'argent et l'or précieux; il place ensuite sur un tronc l'énorme enclume; d'une main il saisit un lourd marteau et de l'autre ses fortes tenailles.

1. *Les Colosses*, par E. Lesbazeilles. *Bibliothèque des Merveilles*, L. Hachette et Cie.

« Il fait d'abord un bouclier large et solide, où il déploie toute son adresse, l'environne de trois cercles radieux, auxquels est suspendu le baudrier d'argent; cinq lames épaisses forment ce bouclier; sur la surface, Vulcain, avec une divine intelligence, trace mille tableaux variés.

« Dans le milieu, il représente la terre, les cieux, la mer, le soleil infatigable, la lune dans son plus bel éclat, et tous les astres dont se couronne le ciel; les Pléiades, les Hyades, le brillant Orion, l'Ourse, qu'on appelle aussi le Chariot, qui tourne toujours aux mêmes lieux en regardant l'Orion, et qui, seule de toutes les constellations, ne se plonge point dans les flots de l'Océan.

« Sur les bords il représente deux villes remplies de citoyens : dans l'une on célèbre des fêtes nuptiales et des festins splendides; on conduit, de leurs demeures, les épouses par la ville, à la clarté des flambeaux.... Près de là, le peuple est assemblé dans une place publique où s'élèvent de vifs débats.... Sur les remparts de l'autre ville paraissent deux armées resplendissantes d'airain.... A leur tête on voit Mars et la fière Pallas..., etc. »

Nous ne prolongeons pas cette description qui est dans la mémoire de tous les lettrés. Mais nous rappelons combien elle est instructive, soit au point de vue de la technique de Vulcain, soit à celui des mœurs et de l'histoire.

Mais c'est en Attique et dans le Péloponèse que l'art de la sculpture grecque atteignit le plus haut degré de perfection. Avant Phidias, Kalamis et Myron exécutent un grand nombre de statues en bronze, car Myron, élève d'Agéladas, comme Phidias, travaillait surtout le bronze. Ainsi on possède à Rome, au palais Massimo, une copie authentique du *Discobole* de Myron, qui est un vrai chef-d'œuvre d'élégance, de liberté et d'audace.

Les poètes de l'Anthologie ont loué à l'envi une vache

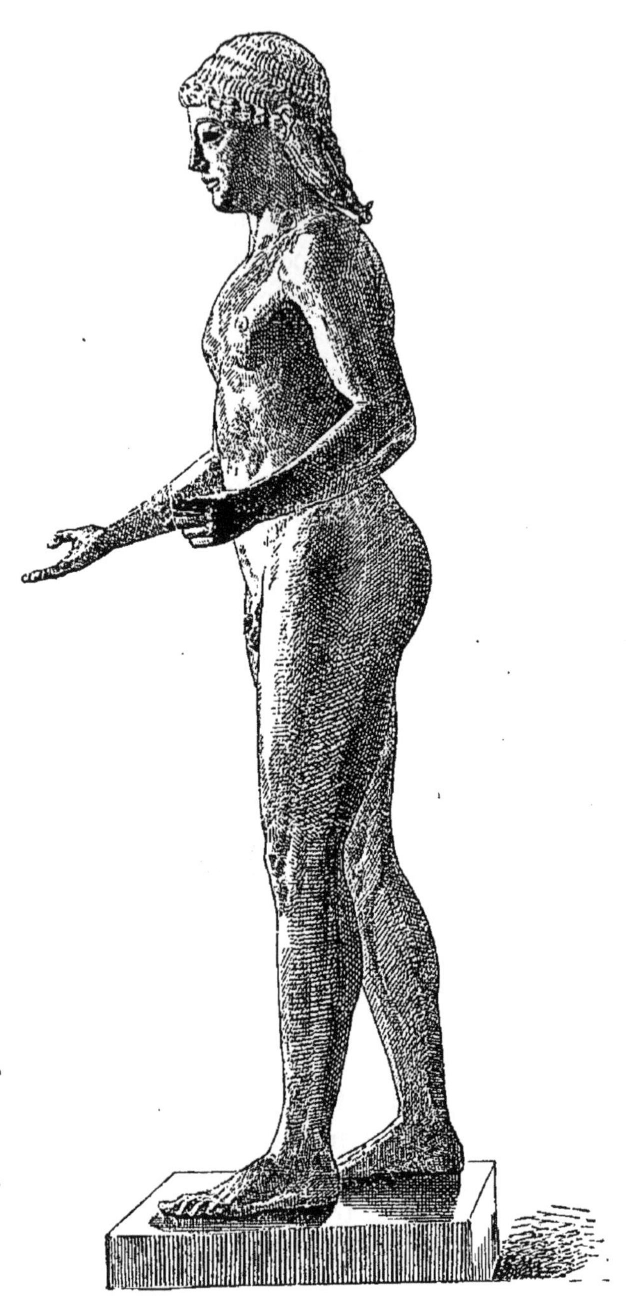

L'Apollon Didyméen de Piombino.
(Bronze du cabinet des antiques au Louvre.)

de bronze exécutée par lui, sur laquelle Anacréon avait fait l'épigramme suivante. « Berger, fais paître ton troupeau plus loin, de peur que, croyant voir respirer la vache de Myron, tu ne la veuilles emmener avec tes bœufs! »

D'un autre côté, Lucien décrivait ainsi le *Discobole* de bronze : « C'est un athlète qui se penche et prend élan pour jeter un disque le plus loin possible; sa tête se tourne vers la main droite, projetée en arrière, qui tient le disque, et tout le torse suit, pour ainsi dire, le mouvement de la tête. La jambe droite, solidement campée sur le sol, se plie au genou pour établir l'équilibre, et la jambe gauche, complètement infléchie, touche la terre de l'extrémité du pied, sans appuyer. »

Ainsi donc, par la violence même de son talent, Myron inaugurait la statuaire mouvementée, vivante et sortant tout à fait de l'archaïsme, qui imposait jusqu'alors aux personnages sculptés l'attitude du repos. Il fut ainsi le dernier et le plus fort des précurseurs.

Avec Phidias nous arrivons à l'époque de Périclès, c'est-à-dire la plus florissante de l'art grec. Sous Cimon, Phidias exécute une série de statues dont les sujets sont inspirés des guerres médiques, entre autres un groupe de bronze consacré à Delphes et fait avec la dîme du butin de Marathon. C'est à la même époque qu'on peut attribuer la statue colossale d'*Athéna Promakhos* placée dans le sanctuaire de l'Acropole. Elle s'appuyait d'une main sur la lance et de l'autre tenait son bouclier décoré par Mys. Une autre Athéna, en bronze, de Phidias, fut plus tard transportée à Rome.

Sous Périclès, le grand sculpteur entouré d'un groupe d'artistes travaillant sous ses ordres, Alcamenès, Agoracritos, Crésilos, Pœnias et Pancenos, exécute l'*Athéna Parthenos* et le *Zeus* d'Olympie, deux chefs-d'œuvre qui, bien que non exécutés en bronze, se rattachent à la série superbe des œuvres métalliques. Voici comment Pausanias a décrit cette dernière statue.

« La statue d'Athéna est faite d'ivoire et d'or. Au milieu de son casque est la figure d'un sphynx, et de chaque côté des griffons. La statue est debout, vêtue d'une tunique talaire, et sur la poitrine elle porte la tête de Méduse en ivoire. La Victoire a environ quatre coudées de hauteur. D'une de ses mains, la déesse tient sa lance; à ses pieds est son bouclier et près de la lance un serpent qu'on dit représenter Erichthonius. Sur le piédestal de la statue est figurée la naissance de Pandore. » On sait qu'on a fait; d'après cette description, plusieurs essais de restauration de ce chef-d'œuvre de la torentique, entre autres la Minerve du sculpteur Simart pour le duc de Luynes.

Le *Jupiter olympien* n'est pas moins célèbre. Placé dans le temple d'Olympie, il portait cette inscription :

« Phidias, fils de Kharmidès, Athénien, m'a fait. »

Pausanias le décrit assis sur un trône d'or, d'ivoire, de marbre et d'ébène, décoré de figures en ronde bosse et de bas-reliefs. Il tenait d'une main la *Victoire ailée*, de l'autre le sceptre. Il était couvert d'un manteau d'or émaillé de fleurs et ses pieds reposaient sur un tabouret orné de lions d'or et de figures représentant le combat de Thésée contre les Amazones.

Ces deux chefs-d'œuvre de Phidias appartenaient à la statuaire chryséléphantine, c'est-à-dire d'or et d'ivoire, sculpture polychrome qui a souvent été le modèle des grandes statues de bronze exécutées plus tard.

Polyclète, de quelques années plus jeune que Phidias, exécuta dans le même genre la fameuse statue d'*Héra* couronnée d'une stéphané où figuraient les Kharites et les Saisons. La Bibliothèque nationale possède une copie en bronze du *Diaduménos* de Polyclète d'une grande finesse et d'une perfection de technique non encore atteinte.

Praxitèle, qui avait travaillé avec Scopas aux sculptures du mausolée d'Halicarnasse, vécut à Athènes, où il était célèbre pour son talent comme pour ses relations avec la courtisane Phryné. C'est d'après cette beauté renommée qu'il avait créé le type d'Aphrodite, dans la statue de Cnide, dont l'Anthologie disait : « Qui a donné une âme au marbre? qui a vu sur cette terre la déesse Cypris? qui a mis dans la pierre un si ardent désir de volupté? — C'est le travail des mains de Praxitèle. L'Olympe est privé de la déesse de Paphos, puisqu'elle est descendue à Cnide. » Le Musée britannique possède une tête d'Aphrodite, en bronze, qu'on croit inspirée par celle de Praxitèle.

C'est avec la même grâce qu'il exécuta l'*Apollon Sauroctone* ou « tueur de lézards », dont une belle copie est au Louvre. On voit à la villa Albani un petit bronze qui est la reproduction exacte du jeune Éphèbe au lézard.

Lysippe, de Sicyone, fournit une longue et glorieuse carrière, pendant laquelle il sculpta plus de quinze cents statues, dont chacune ferait la célébrité d'un artiste. Il nous est connu surtout par la fameuse statue en bronze du Vatican, l'*Apoxyoménos*, athlète qui porte sous son bras le strygile, espèce de racloir qui servait à enlever l'huile et le sable dont les athlètes soignaient leur corps dans les palestres. Cette statue, d'une grâce exquise, sort des règles du canon de Polyclète, en ce qu'elle est plus allongée, mince et svelte, d'autant plus que les statues de bronze allongent les formes et rongent les contours.

On sait que Lysippe avait seul le droit de reproduire en bronze la face auguste de son souverain, Alexandre le Grand. Malheureusement il ne nous est parvenu aucun de ces portraits authentiques. Mais les écrivains grecs rapportent que Lysippe avait saisi, d'une manière frappante, la physionomie du roi de Macédoine.

Rappelons ici une légende attestée par quelques historiens. On assure que Périclès, en homme d'État prudent et économe, avait chargé Phidias de disposer les bijoux d'or et les pierres précieuses qui ornaient l'*Athéna Parthenos*, au fond de sa cella, de manière à faire de cette statue le trésor public, quelque chose comme la caisse des dépôts et consignations de la république athénienne. De la sorte, le chef d'État n'avait qu'à aller enlever ces joyaux et à les fondre, si la guerre ou toute autre circonstance l'exigeait. En attendant, le trésor se trouvait sauvegardé par la piété même des citoyens envers leur déesse favorite.

On sait que Phidias lui-même fut accusé d'avoir dilapidé ces trésors, à la veille de la guerre du Péloponèse, et condamné pour ce fait à la prison. Mais on n'est pas certain que la sentence ait été exécutée, et l'on doit espérer que le grand statuaire aura réussi à se disculper des injurieuses accusations que l'envie, sans doute, avait dirigées contre lui.

Vers la fin de la grande période hellénique, il s'était formé à Rhodes une nouvelle école qui indiquait déjà la décadence, et tendait à reprendre la tradition des colosses des écoles asiatiques. C'est à cette tendance qu'on devait un grand nombre de statues monumentales, entre autres le fameux *Colosse du Soleil* qui fermait le port de Rhodes et qu'on attribue au sculpteur Charès de Lindos. Cette statue de bronze était haute de soixante-dix coudées. Elle fut renversée par un tremblement de terre, et encore du temps de Pline elle étonnait par sa masse. Peu d'hommes, dit cet écrivain, peuvent embrasser le pouce du colosse; ses autres doigts sont plus hauts que la plupart des statues; ses membres disjoints s'ouvrent comme de vastes cavernes, pleines de grands blocs de pierre destinés à l'origine à le fixer debout. On mit douze ans à

Le Colosse en bronze de Rhodes.

le construire et l'on y dépensa treize cents talents, la somme qu'on retira du matériel abandonné par Démétrius quand il se fut fatigué d'assiéger Rhodes. Il est probable que cette merveille du monde n'eut de merveilleux que sa masse, car la grandeur énorme s'obtient d'habitude au détriment de la perfection et de la beauté artistiques.

Dans les derniers temps de la période hellénique, l'art du bronze était exercé avec une grande habileté, et l'on reconnait, à ne s'y point tromper, dans les bronzes si nombreux retrouvés à Herculanum et à Pompéi, le cachet exquis du goût et de la grâce des artistes grecs qui n'avaient nullement perdu les traditions d'école.

Après avoir parlé des grands bronzes, si nous passons aux figurines de petites dimensions, nous les trouvons adaptées aux destinations les plus variées, soit par la nature du sujet, soit par la technique. Ainsi tantôt elles servaient d'images de culte, tantôt elles reproduisaient, sur les médailles ou les monnaies, les modèles célèbres des sculpteurs de la grande époque hellénique, et c'est ainsi que nous avons pu nous faire une idée de plusieurs de ces chefs-d'œuvre, tels que l'*Héro* de Polyclète, l'*Aphrodite* de Praxitèle, la *Minerve* ou le *Jupiter olympien* de Phidias. C'étaient encore des *ex-voto*, des objets de toilette, des pieds de miroir, des manches de strigile, ou des bijoux.

La légende veut que le *Taureau bondissant* ne soit que la reproduction du fameux taureau en airain que Phalaris d'Agrigente avait fait construire pour y enfermer ses victimes, et les y brûler à petit feu, se délectant au bruit horrible des rugissements humains du monstre gorgé de carnage.

Sur quelques-unes de ces figurines on trouve des inscriptions qui prouvent évidemment leur caractère votif. Ainsi une statuette archaïque d'Apollon décou-

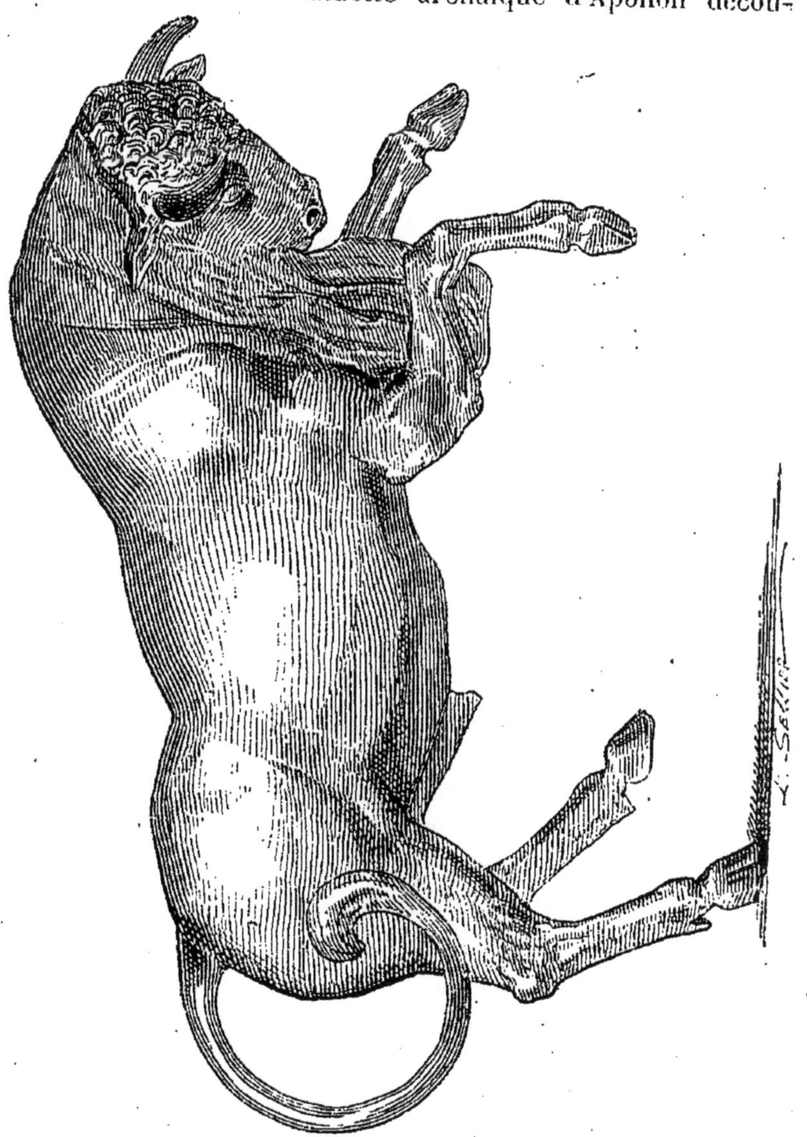

Le *Taureau Bondissant.*
(Bronze du cabinet des antiques du Louvre.)

verte à Naxos, porte cette dédicace au dieu lui-même :

« Deinajores m'a consacré au Dieu Apollon qui frappe de loin. »

(Δειναγορης μ'ανεθηκεν εκηβόλω 'Απολλονι)

Quelquefois même on dédiait à un dieu la statue d'un autre dieu. Telle est celle qu'on lit sur l'Apollon de bronze de Piombino, qui est au Louvre et dont nous avons parlé. On a découvert dans des fouilles pratiquées à Dodone, sur l'emplacement du temple de Jupiter, une riche collection de bronzes grecs consistant en une foule de figurines reproduisant les motifs les plus divers et qui étaient, sans doute, les offrandes consacrées à ce dieu par les dévots qui avaient visité son temple ou consulté son oracle.

Au cap Ténare on a découvert, il y a quelques années, une série de chevaux et autres animaux en bronze consacrés à Poseidon.

Quelques-uns des petits bronzes sont munis d'un anneau qui servait à les suspendre au cou, à titre d'amulettes.

Il est attesté aussi, par les découvertes faites à Herculanum, que beaucoup de ces objets d'art étaient destinés à la décoration du bâtiment, car on a trouvé dans une villa romaine l'une des pièces ornée de bustes représentant des personnages célèbres tels que Zénon, Épicure et autres.

Dans la notice sur les *Bronzes du Louvre*, M. de Longpérier a classé chaque série de ces figurines ou de ces ornements par ordre chronologique. De son côté M. Collignon, dans son manuel d'*Archéologie grecque*, répartit ces bronzes en deux groupes : 1° les bronzes d'ancien style grec; 2° les bronzes de la période de plein développement de l'art.

On confond quelquefois les bronzes grecs de style

ancien avec les bronzes étrusques, dont nous aurons l'occasion de parler dans un prochain chapitre en démontrant qu'ils ont une physionomie bien différente.

Parmi les plus anciens bronzes archaïques, les plus remarquables proviennent des fouilles de Dodone. Ils ont été décrits par le propriétaire de la collection, M. Carapanos, dans son ouvrage : *Dodone et ses ruines*. On y remarque entre autres : un *Satyre* à pieds de cheval, très énergiquement modelé et dansant, la main droite sur la hanche. Une bestialité joyeuse est empreinte sur son visage. Sa barbe et ses cheveux sont soigneusement frisés avec la naïveté des Assyriens et de l'art grec dans ses premiers essais.

La *Joueuse de flûte* (Auletria), trouvée également à Dodone, est de la même époque. Elle est, comme une statue égyptienne, étroitement serrée dans une tunique talaire d'étoffe très fine. Sa bouche est couverte de la bande de cuir qui sert à maintenir la double flûte, et elle en joue avec une grande vérité d'attitude.

Une autre statuette représente un homme assis, les cheveux nattés, la tête couverte du bonnet conique des Thraces et vêtu d'un simple manteau. Cela paraît être un personnage en costume royal.

On reconnaît la même raideur dans un *Apollon* de l'ancienne collection Pourtalès, sur lequel on lit l'inscription suivante : Πολυκράτης ἀνέ θηκε (dédié par Polycrate).

On a trouvé aussi, dans les substructions du vieux Parthénon brûlé par les Perses, des bronzes qui portent un caractère très réel et très intéressant d'authenticité, tels qu'une *Athéna*, dans l'attitude du combat et qui rappelle l'ancien palladium des Athéniens.

Comme dans la grande sculpture, on aperçoit fort bien aussi, dans les petits bronzes, la transition de l'art primitif à l'ancien style attique. Telle est la statuette d'*Héraklès combattant* qui est au cabinet des médailles. Voici ce qu'en dit le savant archéologue O. Rayet, dans ses *Monuments de l'art antique* : « Le dieu marche d'un mouvement rapide, et, la jambe gauche en avant, la droite en arrière, les jarrets tendus et les genoux raidis, il lève son bras droit armé de la massue et va frapper l'ennemi placé devant lui, tandis que de son bras gauche étendu, il tient son arc et semble s'en servir pour parer. » On croit reconnaître dans cette belle figurine une copie de l'Héraklès d'Onotos l'Éginète, auteur des statues du fronton d'Égine. Cette œuvre prouve qu'à l'époque éginétique, l'art du bronze était déjà à la hauteur de la grande sculpture.

Le *Faune dansant.*
(Bronze du musée de Naples.)

Quant aux figurines de la période florissante, on les trouve représentées en très grand nombre parmi les bronzes de Pompéi et d'Herculanum réunis au *Museo nazionale* de Naples. Mais la plupart appartiennent à l'art grec transporté en Italie. Cependant une *Aphrodite*, en costume dorien aux plis simples et droits et coiffée d'une couronne à fleurons, rappelle les œuvres grecques les plus achevées de la grande époque, tant la tête est pure et les formes de la plus exquise élégance, malgré son attitude encore hiératique.

Tel aussi le petit *Faune dansant*, chef-d'œuvre d'élégance et de grâce.

Le beau *bronze de Tarente*, qui est au Louvre, représentant un chef militaire, admirablement modelé, témoigne même d'une époque plus avancée.

Un fait qui paraît assez naturel, c'est qu'on retrouve dans les petits bronzes, non seulement la reproduction des sujets de la grande sculpture, mais surtout des motifs plus familiers touchant quelquefois à la caricature, tels que des faunes ivres, des Hercules buveurs, des Silènes au gros ventre; des satyres tels que celui de l'*antiquarium* de Berlin, trouvé à Pergame et contemporain des beaux marbres du temple de Jupiter.

Parmi les objets d'ornementation, il en est dont on ne saurait à coup sûr déterminer l'usage. Tels sont des bas-reliefs en bronze repoussé qui pouvaient servir soit à décorer des meubles, soit à faire partie d'une armure, ou des plaques de métal assez minces pour être cousues sur des étoffes ou sur des lanières de cuir.

Nous en trouvons un grand nombre parmi les bronzes de Dodone, de la collection Carapanos, déjà citée. Une belle plaque en bronze repoussé représente la *Dispute d'Apollon* et *d'Héraklès*, pour la possession du trépied de Delphes. Les deux divinités sont traitées dans le style hiératique consacré par la tradition. En revanche, la beauté du dessin et l'aisance des contours indiquent qu'ici l'archaïsme est affecté, car le travail trahit l'origine du quatrième siècle.

Une autre plaque de Dodone nous montre le combat de *Pollux contre Lyncée*. Ce bas-relief décore un *géniastère* ou garde-joue de casque. On reconnaît dans cette œuvre, aussi soignée que si elle était traitée en grand, le style et toutes les qualités de Lysippe et de son époque.

Quelques-uns des garde-joues de la collection Carapanos

imitent le visage humain comme de véritables masques. Souvent ils reproduisent les traits du guerrier, les détails de la barbe frisée avec soin ou largement massée et jusqu'à la courbe des moustaches. Coiffé d'un pareil casque, le soldat devait ressembler à une véritable statue de bronze, ce qui explique ce que raconte Hérodote des Égyptiens qui, lorsqu'ils virent pour la première fois pénétrer dans leur pays des hoplites grecs, les prirent avec terreur pour de véritables hommes d'airain.

Parmi les nombreux objets de toilette trouvés dans les sépultures grecques, on a mis au jour des fibules, des boîtes à fard, des strigiles, des peignes et surtout des miroirs, qui se prêtaient le mieux à l'ornementation métallique. L'attention des archéologues ne s'est appliquée qu'assez récemment aux miroirs grecs. On connaissait déjà les miroirs étrusques et latins, mais dans les miroirs grecs on découvrit toutes les recherches d'un art exquis. Ces miroirs étaient en bronze et affectaient généralement la forme arrondie. On les divise en deux classes :

1° Les miroirs simples, en forme de disques, avec une surface convexe, soigneusement polie, qui reflétait l'image et une surface concave ornée de figures tracées au burin. Ils étaient garnis d'un manche en forme de statuette munie d'un socle, qui permettait de les tenir à la main ou de les poser sur une table. On voit souvent de ces miroirs entre les mains des femmes représentées sur les vases peints. Sur un vase du musée Britannique, une femme se regarde dans un miroir et à côté d'elle on lit : αὐτοψία (la *vue* d'elle même).

2° Les miroirs figurant une boîte, se composant de deux disques métalliques s'emboîtant l'un dans l'autre, quelquefois réunis par une charnière. Le disque supérieur ou couvercle est orné extérieurement de figures en bas-relief, tandis qu'à l'intérieur il est poli et argenté avec soin; c'est cette face qui réfléchit l'image. Le second disque, formant le corps de la boîte, est décoré à l'extérieur de figures gravées au trait; souvent le contour des figures est rempli par une légère couche d'argent, tandis que le fond est doré. Ainsi les miroirs grecs fournissent un triple sujet d'étude :

1° La gravure au trait; 2° les bas-reliefs; 3° les manches en forme de statuettes.

Les artistes grecs étaient très habiles dans l'art de graver au trait, et il est probable qu'ils le tenaient des Orientaux; mais les Grecs ont porté à la perfection la gravure au burin sur bronze, ce qui donne une haute valeur à leurs miroirs. Un des plus beaux exemplaires qui nous aient été conservés représente le *Héros éponyme de Corinthe* couronné par une femme personnifiant la colonie corinthienne de Leucade. Le héros, à demi nu, est assis sur un siège aux pieds massifs; un manteau descend de ses genoux sur ses jambes, le torse apparaît dans toute sa beauté et la tête a l'expression imposante d'un Jupiter. Il se tourne vers une jeune femme, Leukas, qui, drapée dans l'himation, couronne le héros. La composition est complétée par une rosace, des fleurs et des plantes marines. Cette composition témoigne des plus beaux temps de l'art hellénique.

Le miroir du musée de Lyon, le *Combat de coqs* et les *Danseuses* sont aussi de magnifiques spécimens de ce genre.

Les couvercles de miroirs à bas-relief ne sont pas moins remarquables. Ils rentrent dans la sculpture, dont nous avons déja amplement parlé, et quelques-uns d'entre eux appartiennent aussi à la meilleure époque. Tel est celui qui représente *Ganymède enlevé par l'aigle*, vrai chef-d'œuvre de grâce et d'élégance. Un autre représente un *Silène ivre* portant une ménade, tandis qu'un Éros aux longues ailes vole devant le couple. En général, les reliefs des miroirs offrent des sujets empruntés aux cycles d'Aphrodite et de Bacchus avec leur joyeux cortége d'Éros, de Pans ou de ménades.

Enfin, les pieds des miroirs reproduisent aussi toutes les phases parcourues par la grande sculpture hellénique. Il en est d'archaïques, d'autres d'un style parfait. Telle est une figurine représentant une *cariatide* d'un style sévère, placée entre deux Éros qui voltigent au-dessous d'elle, en supportant le miroir. Tels étaient ces objets d'un usage journalier, que les Hellènes avaient le don d'élever à la hauteur des objets d'art les plus exquis.

De tout temps, chez les Grecs, l'ouvrier qui travaillait le bronze était en même temps orfèvre, et le travail sur métaux constituait une branche importante de la *torentique*, au moyen de laquelle nous avons vu les plus grands statuaires grecs exécuter des chefs-d'œuvre. Dans la légende hellénique, si les Cabires et les Dactyles étaient les premiers forgerons, les Telchines étaient les premiers orfèvres [1].

Or les bijoux d'or et d'argent, les vases en métaux précieux, étaient des objets de commerce importés en Grèce par le trafic des Phéniciens. C'est une vérité que les fouilles récentes de Mycènes sont venues confirmer. Le plus bel éloge que pût faire Homère, c'était de dire que les objets en métal qu'il décrivait avaient été fabriqués à Cypre ou à Sidon. Tels étaient le char d'Agamemnon, sa cuirasse, le cratère d'argent donné en prix par Achille aux jeux funèbres en l'honneur de Patrocle, etc.

Un bandeau d'or estampé trouvé à Athènes et qui est au musée du Louvre montre une suite d'animaux asiati-

1. *Manuel d'Archéologie grecque*, par Maxime Collignon. — *Bibliothèque de l'Enseignement des Beaux-Arts.* — A. Quantin, éditeur.

ques. Le style oriental caractérise aussi les bijoux découverts à Rhodes par M. Salzmanos, dans la nécropole de Camiros. Avec les types d'ornementation, les Grecs avaient reçu de l'Orient les procédés techniques. Seulement, ils y apportaient leur grâce native et ce goût parfait qui n'a jamais été dépassé.

V

LE RONZE CHEZ LES ÉTRUSQUES ET CHEZ LES ROMAINS

Les Étrusques sont incontestablement le premier peuple italiote qui ait été doué de sens artistique, et le seul de la Péninsule qui ait exercé une influence positive sur l'art romain. Cependant on n'est point encore fixé sur leur origine et on les a successivement rattachés aux Aryens, aux Celtes, aux Chananéens, aux Égyptiens, aux Pélasges et même, d'après Denys d'Halicarnasse, aux populations des Alpes rhétiques.

Mais, en étudiant leurs monuments et leurs produits artistiques, on est forcé de constater chez eux deux influences, l'une asiatique, l'autre hellénique, venant se greffer sur une souche réellement étrusque.

Ce peuple parait avoir fondé en Italie, vers le onzième siècle avant notre ère, une vaste civilisation qui n'a pas duré moins de sept siècles. Cet État se composait de douze cités confédérées, établies entre le Tibre et l'Arno. Il régna d'abord, par les Tarquins, sur Rome naissante, puis finit par être conquis et absorbé par elle, au troisième siècle avant Jésus-Christ. De nombreuses découvertes faites dans les nécropoles de Vulci, de Chiusi, de Préneste, de Tarquinies, ont permis de reconstruire jusqu'à un certain point l'histoire de leur civilisation, de leur industrie et de leur art.

D'après certains amas de terre grasse mêlée d'ossements, de tessons, de détritus de toute espèce appelés *terramares*, on a pu reconstituer l'aspect de leurs villages primitifs. La plupart, situés dans le voisinage des cours d'eau, étaient établis sur pilotis comme les palafittes ou habitations lacustres de la Suisse, et les mœurs qu'ils révèlent étaient semblables. à en juger par les fragments d'ustensiles, d'armes, de poteries, d'objets de toute espèce que les fouilles ont mis au jour.

A côté de vestiges de l'âge de pierre, on y trouve un grand nombre d'objets en bronze ayant été coulés dans des moules de pierre, tels que faux, marteaux, pointes de lance, poignards, poinçons et celts.

Outre les terramares, la découverte d'un cimetière à Villanova, près de Bologne, contenant environ deux cents tombes intactes, a fourni au musée de Bologne une collection unique pour l'histoire des origines italiques. A côté d'un grand nombre d'urnes cinéraires d'une terre plus fine et d'une façon plus soignée que les tessons recueillis dans les terramares, on a découvert des armes en miniature, entre autres de petites haches, réductions faites en vue d'une destination funéraire, analogues aux bijoux sans valeur que les Grecs fabriquaient pour leurs tombeaux. On y a trouvé en outre des boucles, des grelots, des pièces métalliques pour le harnachement des chevaux, à côté d'objets de toilette tels que des bracelets, des colliers, des chaînettes, des épingles, des fibules et des rasoirs.

Les fibules, entre autres, analogues à nos épingles de nourrice, sont en nombre infini. On en a trouvé jusqu'à trente dans une seule tombe. Tantôt l'arc auquel l'épingle s'ajuste est un simple fil métallique, tantôt une torsade, tantôt une feuille gonflée et façonnée en forme de gondole avec des ornements au poinçon. Il y a là évidemment un grand progrès sur la métallurgie des terramares. L'industrie du bronze y est déjà très avancée. Ce n'est plus le métal coulé dans de grossiers moules de pierre, mais il est

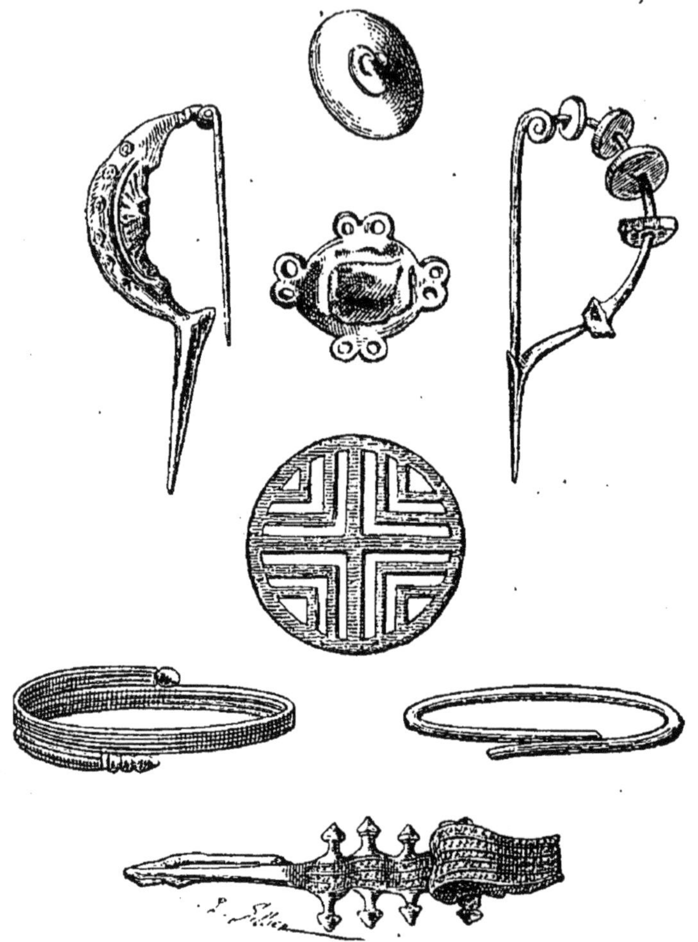

Bijoux étrusques en bronze. Fibules, bracelets, etc...

déjà martelé, aplati, découpé en rondelles ou en rubans, ployé, tordu, étiré, réduit en fils flexibles ou formant des ornements repoussés.

Une autre découverte, faite à Bologne en 1871, a mis au

jour une grande jarre pleine de bronzes cassés, d'ustensiles

Vases étrusques en bronze trouvés à Bologne.

inachevés, de déchets d'atelier et de pains de métal sortant du creuset. C'était évidemment le dépôt d'un fondeur. Ce dépôt pesait près de 1500 kilogrammes et se composait d'environ 14000 pièces, parmi lesquelles on retrouve tous

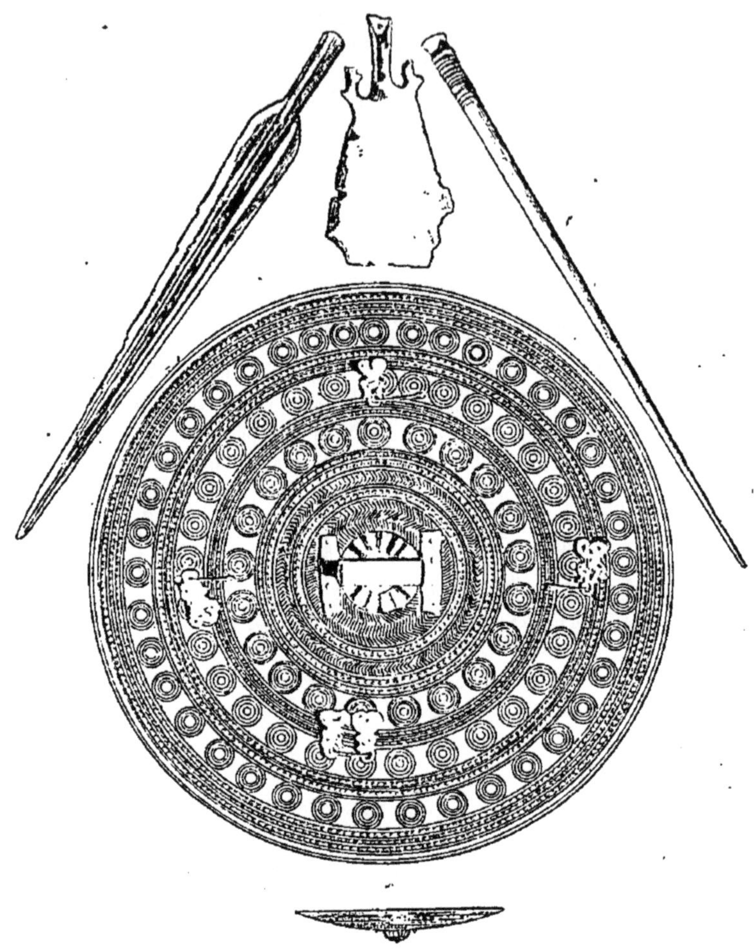

Bouclier et armes en bronze trouvés à Bologne.

les types de la nécropole de Villanova. Rien que les fibules s'y trouvaient au nombre de 2397. Quelques-unes sont entourées d'ornements et contournées en replis bizarres. Il en est de même des rasoirs et des bracelets, ainsi que des grands vases de bronze, des boucliers, des *cistes* à anses et des seaux en bronze repoussé, ornés de zones de figures et d'animaux qui rappellent tout à fait la fantaisie asiatique.

Il est probable, en effet, que l'intermédiaire entre l'Orient et l'Italie centrale était une peuplade d'émigrants partis d'Asie Mineure et débarqués à l'embouchure du Tibre. C'est, du moins, la tradition reprise par Virgile dans l'Énéïde. Quoi qu'il en soit, cette hypothèse nous aide à comprendre pourquoi nous trouvons en Étrurie le même genre de sépultures qu'en Asie Mineure, le système de la voûte, imposé plus tard par les Étrusques aux Romains, es insignes royaux des Tarquins analogues à ceux des rois de Lydie, et le cachet asiatique des objets dont nous avons déjà parlé.

En outre, il est certain que l'Italie centrale a été un lieu d'importation orientale par le commerce méditerranéen.

On a découvert à Palestrina, en 1876, un trésor d'objets phéniciens, entre autres des coupes en argent doré et ciselé, semblables à celles recueillies dans les îles de Chypre, à Cirtium, à Larnaca, à Amathonte, présentant le même caractère, moitié assyrien, moitié égyptien, que l'art phénicien.

Après la fondation de Carthage, la mer Tyrrhénienne devint un lac phénicien. Ce peuple entoura bientôt l'Italie de tous côtés. Des relations étroites s'établirent entre les Carthaginois et les Étrusques, ce qui explique comment les objets de style asiatique servirent de modèles aux ouvriers indigènes, pour la fabrication des ustensiles de bronze, des bijoux et des anneaux. Ils reproduisent des palmettes, des rosaces, des fleurs de lotus sur les miroirs et les urnes cinéraires, ainsi que des lions, des sphynx, des griffons sur les sarcophages. Ces motifs étaient destinés à entrer plus tard dans l'art romain et de l'art romain, à l'époque de la Renaissance, dans l'art moderne.

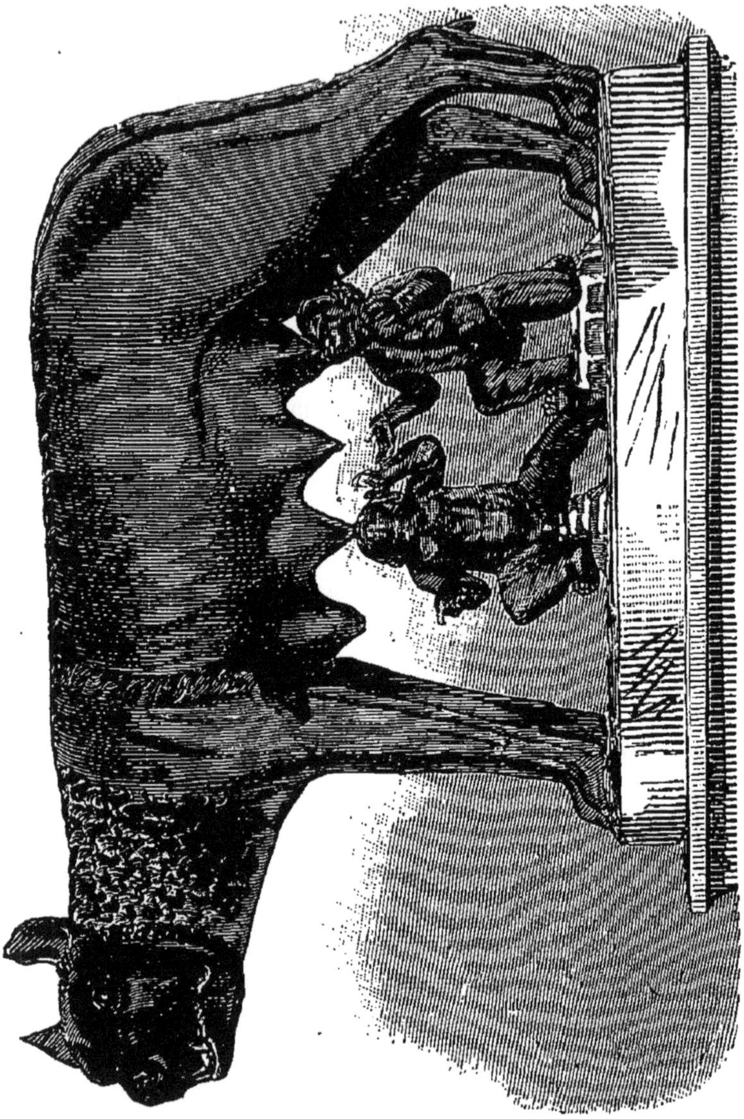

La *Louve du Capitole.* (Bronze étrusque.)

Mais c'est surtout à l'influence hellénique que l'art étrusque dut d'accomplir son entier développement. Les relations entre la Grèce et l'Italie dataient de la plus haute antiquité. Les mythes si connus de Circé, des Sirènes, de Charybde et Scylla témoignent d'expéditions aventureuses des Grecs dans les parages de l'Occident. On doit ainsi aux Gréco-Pélasges la fondation de nombreuses villes, telles que Rhégian, Sybaris, Crotone, Tarente, Sélinonte, Agri-

La *Chimère d'Arezzo.*
(Bronze étrusque du musée de Florence.)

gente, Pœstum, Locres, Métaponte, et, en Sicile, Naxos, Syracuse, Léontium, Hybla, qui formèrent la Grande-Grèce. Il s'établit en même temps, avec Démarate, une colonie corinthienne en Étrurie.

Parmi les produits importés par eux, rappelons ces fameux vases peints, longtemps appelés étrusques et qui, en réalité, sont des vases grecs. La collection des poteries corinthiennes qui est au Louvre provient presque tout entière des villes étrusques de Cœé ou de Tarquinies. Les bronzes historiés découverts à Vulci étaient identiques à

L'*Orateur*. (Bronze étrusque du musée de Florence.)

ceux que les fabriques grecques répandaient parmi les populations campaniennes.

La sculpture en bronze des Étrusques était très supérieure à leur sculpture en terre. Ils étaient très habiles a manier le métal. Parmi leurs statues on cite *la Louve* du Capitole, *la Minerve* et *la Chimère* d'Arezzo, *le Mars* de

Pélée poursuivant Thétis, (miroir en bronze.)

Todi, l'*Orateur* du musée de Florence, l'*Enfant à l'oiseau* du Vatican.

L'industrie étrusque du bronze était si développée au temps de Périclès, que ses lampes et ses plats étaient déjà très recherchés en Attique. A la prise de Vulsinies,

Bacchus et Sémélé, (miroir en bronze.)

les Romains emportèrent d'Étrurie deux mille statues en bronze. Lorsque Scipion prépara son expédition contre

Carthage, la seule ville d'Aretium put lui fournir, en quinze jours, 30 000 boucliers, 50 000 javelots et tout l'attirail nécessaire pour armer en guerre une flotte de quarante navires.

Parmi le grand nombre de bronzes étrusques qui nous ont été transmis, on remarque de petites idoles, des images populaires de lares et de pénates, des figurines votives, et parmi les objets d'utilité, des ustensiles de ménage, des chaudrons, des trépieds, des aiguières, des seaux et des objets de toilette, tels que coffrets ou *cistes*, lampes, éventails et miroirs.

Les *miroirs*, imités des Grecs, étaient formés, comme nous l'avons dit déjà dans le précédent chapitre, d'un disque de bronze argenté ou doré et poli d'un côté, de façon à réfléchir les images. Il y avait le miroir à double boîte, avec relief sur le couvercle, et le miroir à disque simple avec un manche orné de dessins à la pointe ou *graffiti*. Parmi les plus beaux on cite le miroir Gerhard, représentant *Bacchus* d'un côté, *la Réconciliation d'Hélène et de Ménélas* de l'autre; *Hercule portant l'Amour;* enfin le miroir du musée Britannique : *la Rencontre d'Hélène et de Ménélas*, après la prise de Troie.

Le principal intérêt de ces miroirs est dans les sujets qui y sont gravés sur le bronze, empruntés à la mythologie ou à l'épopée. C'est : la Naissance de Minerve ou de Bacchus; la Réunion de Bacchus et de Sémélé; Vénus et Adonis; Pélée poursuivant Thétis, plus connu sous le nom de miroir de Pérouse; Castor et Pollux avec leur sœur Hélène; Achille et Penthésilée; Hercule vainqueur de Cerbère; la chasse de Méléagre; l'enlèvement du Palladium troyen; Vulcain fabricant le cheval de Troie, etc. Quant à la légende qui accompagnait ces sujets, car le nom des personnages était presque toujours inscrit à côté ou au-dessus d'eux, elle dénaturait les noms grecs à la manière étrusque,

Ainsi Ulysse devient *Uthuze;* Diomède *Zimthe;* Apollon *Apul;* Achille *Achle,* Castor et Pollux *Castur* et *Pultuce;* Adonis *Atunis;* Zeus *Tinia;* Athènes *Menora;* Aphrodite *Couran,* et Bacchus *Phuphlums.*

Quant aux *Cistes,* c'étaient des boites cylindriques ou ovales, formées d'une feuille de bronze enroulée et soudée. On les appelle en général cistes de Préneste, du lieu où l'on en a trouvé la plupart, ou cystes *mystiques,* on ne sait pourquoi, car ces coffrets n'avaient rien de religieux. C'étaient des meubles d'usage domestique, destinés à serrer tout l'attirail de la toilette féminine. Comme les miroirs, les cistes étaient ornés de sujets gravés, empruntés au cycle des légendes helléniques. La plus célèbre est la *ciste Ficosoni,* au musée Kircher (Rome), qui représente l'arrivée des Argonantes en Bithynie. Le roi des Bébrices ayant cherché à empêcher ces aventuriers de faire leur provision d'eau, Pollux le lie à un arbre, et les marins débarquent librement pour aller aux fontaines. Cette ciste porte l'inscription latine suivante :

NAVIOS PLAUTAS
MED ROMAI FECID-DINDIA MACALUIA FILEO DADIT,

dont l'orthographe archaïque indique une date antérieure à la fin de la deuxième guerre punique.

La salle des bronzes du Louvre, renferme une très belle collection de cistes que l'on peut consulter avec fruit.

La fabrication des cistes comprenait trois opérations. Dans un premier atelier, les feuilles de bronze, découpées en rectangles, recevaient leur décoration gravée. La surface étant plane, ce travail devenait facile. Une fois la feuille préparée, elle passait dans un second atelier où elle était rognée et courbée pour prendre la forme cylindrique, puis soudée et munie d'un fond et d'un couvercle. Enfin un dernier ouvrier la montait en lui adaptant une poignée, des pieds et des anneaux reliés par des chaînettes. Cette division du travail rendait l'unité de style assez difficile.

Les Étrusques avaient la passion des bijoux et, dans leurs figures sculptées ou peintes, en couvraient leurs personnages, même quand il s'agissait de déesses grecques telles que Vénus ou Junon.

Le bijou le plus fréquent était le collier à bulles. La bulle est une sorte de capsule d'or, d'argent ou de bronze, faite de deux petites cuvettes rondes et suspendues à la chaîne d'un collier ou au cercle d'un bracelet. On lui prêtait la vertu d'une amulette. Tout Étrusque en portait au moins une et le plus souvent trois.

La chaîne était aussi très fréquente, tantôt à rubans, à anneaux, à perles, à pandeloques ou à tresses doubles ou triples, quelquefois formant un entre-croisement couvrant de métal le cou, la poitrine, les épaules, les hanches, plus semblable à un harnachement qu'à une parure. En général, il fallait aux Étrusques beaucoup de métal et de pierreries, et c'est surtout à la masse qu'ils appréciaient la valeur des bijoux.

L'art romain dérive, à son tour, de l'art étrusque et de l'art grec. La sculpture n'arrive pour la première fois à Rome qu'avec les Tarquins, c'est-à-dire avec l'avènement de la civilisation étrusque hellénisée. Ce sont des sculpteurs étrusques qui décorent de statues le temple de Jupiter Capitolin et font pour le sanctuaire l'image même du dieu. On commence alors à exécuter pour les temples des statues de métal. La première est celle de Cérès, soclée en bronze. Plus tard les deux mythologies grecque et latine se confondent et l'on se met à offrir aux dieux une partie du butin de la guerre sous forme de statues représentant les divinités helléniques. C'est ainsi qu'après la défaite des Samnites, Spurius Carvilius fera fondre une image colossale de Jupiter Capitolin avec le bronze enlevé à l'ennemi.

Peu à peu les statues honorifiques se multiplient; on en décerne aux magistrats qui ont bien mérité de la patrie, et même à des étrangers tels qu'à Hermodore d'Éphèse, l'un des décemvirs préposés à la confection des Douze Tables, à Pythagore et à Alcibiade. On en élève tant et à des personnages si obscurs que Calia se refuse à tant d'honneur. « On me demandera, dit-il, pourquoi je n'ai pas de statue, j'aime mieux cela que la question contraire. »

Les guerres avec la Grèce firent enfin connaître aux Romains les chefs-d'œuvre de la sculpture grecque. Chaque fois qu'une ville grecque tombait en leur pouvoir, les généraux romains la dépouillaient de tous ses trésors, et les chefs-d'œuvre des Grecs venaient augmenter la splendeur de l'entrée triomphale des vainqueurs. C'est ainsi qu'au triomphe de Fulvius Nobilior, après la campagne d'Épire et d'Italie,on promena à travers les rues de Rome deux cent quatre-vingt-cinq statues de bronze et deux cent trente statues de marbre. Au triomphe de Paul-Émile, deux cent-cinquante chariots parurent chargés de statues et de tableaux, et cette magnificence fut encore dépassée par Mummius, le destructeur de Corinthe.

L'art devint alors une mode et tous les riches Romains voulurent avoir leur collection, parfois même leur musée, qu'ils augmentaient à prix d'or par la guerre ou, comme Verrès, par des vols administratifs dans les provinces.

Alors plusieurs sculpteurs grecs vinrent chercher fortune à Rome. L'un deux, Agasias d'Éphèse, dans l'Asie Mineure, est l'auteur du fameux *Gladiateur combattant*, du Louvre. Tout fait croire que cette statue, d'un mouvement si hardi et d'une si brillante exécution, est la copie en marbre d'un original en bronze. Ainsi s'explique l'adjonction du tronc d'arbre contre lequel s'appuie l'athlète, et qui servait à soutenir la figure de métal trop élancée.

Les plus célèbres statues de Rome appartiennent à l'École attique, et que l'on nous permette à ce sujet une digression qui se rapportera tout aussi bien aux œuvres fondues en bronze qu'à celles simplement sculptées dans le marbre ou dans la pierre. L'histoire de l'art du bronze est si intimement liée, au point de vue surtout de la statuaire, à celle de la sculpture proprement dite, que nous nous voyons conduits à les réunir toutes deux, pour un instant, dans ce que nous avons à dire de l'art romain.

Le fameux *Torse* du Belvédère, celui qui fut à lui seul le professeur de Michel-Ange, qui aimait à s'appeler « l'élève du Torse » est signé d'Apollonios, qui appartenait à l'École de Lysippe. Glycon d'Athènes est l'auteur de l'*Hercule Farnèse*. C'est à un Athénien, Cléomènès, qu'on doit la *Vénus de Médicis*, la meilleure copie de la Vénus de Praxitèle. Cette délicieuse statue, le bijou de la tribune de Florence, qui renferme tant de chefs-d'œuvre, paraît avoir été exécutée d'après la description d'Homère : « La déesse, dit-il, vient de sortir de l'écume de la mer où elle a pris naissance. Sa beauté virginale paraît sur le rivage enchanté de Cythère. Si sa chevelure n'est pas flottante sur ses épaules divines, c'est que les Heures viennent de l'arranger de leurs mains célestes. » L'*Ariane* du Vatican est de la même école.

Enfin l'*Apollon pythien*, ou du Belvédère, trouvé vers la fin du quinzième siècle, à Capo d'Anzio (l'ancienne Antium), doit être l'œuvre d'un élève de Scapas.

Les leçons des grands artistes grecs n'avaient point été inutiles et les artistes romains finirent par s'inspirer de ces maîtres pour voler de leurs propres ailes.

On distingue dans la sculpture romaine deux périodes :

celle de l'épanouissement sous les Césars, les Flaviens et les Antonins, et celle de la décadence, depuis la dynastie syrienne jusqu'à la fin du monde romain.

En empruntant leurs motifs à la mythologie hellénique, les sculpteurs romains s'attachèrent à en reproduire

La *Junon Reine* de Vienne. (Bronze patiné d'argent.)

surtout les types gracieux et riants, tels que Bacchus et les Bacchantes, les Tritons, les Néréides, les Amours, les Silènes, les Satyres et les Nymphes. Telle cette superbe et fière *Junon Reine*, tête d'une statue en bronze, anciennement patinée d'argent, trouvée près de Vienne (Isère) en 1850; elle est maintenant au musée de Lyon. D'après l'inscription gravée sur le diadème, le questeur L. Lélugius fit don de la statue à la colonie de Vienne.

Ils s'attachent aussi à figurer des allégories de nations, de peuplades ou de villes sur les arcs de triomphe, les portiques, les autels ou les monnaies et médailles. Mais leur spécialité, ce qui les distingue de leurs modèles, les artistes grecs, c'est le portrait. Le Forum est encombré de statues représentant les hommes de guerre ou les principaux magistrats de la cité. En général, ils sont idéalisés et représentés nus comme les héros d'Homère.

D'autres fois, quand il s'agit de représenter des princes ou des princesses, les sculpteurs romains leur donnent la figure des dieux, surtout de Jupiter, tandis que les impératrices sont en Cérès, en Vesta, en Diane, en Muses, et même, vers la fin de l'Empire, en Vénus et nues comme elle.

Antinoüs, le favori d'Hadrien est représenté en Bacchus, en Apollon, en Hercule ou en Ganymède. Les statues militaires, les bustes abondent.

Pour les bibliothèques on exécute, d'après les traditions, les bustes des sages de la Grèce ou des poètes d'autrefois : Homère, Solon, Lycurgue, Eschyle, Sophocle, Aristophane, Socrate, Xénon, Épicure, etc. On les exposait ainsi dans le lieu même, où comme le dit Pline, « les âmes immortelles de ces grands hommes parlaient encore ».

Le portrait était traité par les statuaires romains avec un véritable réalisme qui cherchait la ressemblance individuelle jusque dans les moindres détails. Plis de la bouche, fossettes, rides, chevelure, tout est traité avec une sincérité brutale. Quant aux draperies, elles sont exécutées d'une manière magistrale. La *Pudicité* du Vatican est un chef-d'œuvre dans ce genre. L'exécution des plis de sa toge est un prodige d'imitation et en même temps d'élégance.

Statue équestre en bronze de Marc-Aurèle, au Capitole (Rome).

A l'époque des Césars, la coiffure étant simple et les figures glabres, l'artiste donnait toute son attention au modelé du visage; mais, à partir des Antonins, la barbe et les cheveux envahissant le visage, le sculpteur ne s'attache plus qu'à les reproduire. Il fouille le marbre ou le bronze pour imiter leurs boucles, qu'il creuse soigneusement à l'aide du trépan, et il triomphe surtout dans la coiffure compliquée des impératrices, qui couvrent, comme chez nous sous le Directoire, le front de toutes les belles Romaines, au point de ressembler à de colossales perruques.

L'imposante statue équestre de Marc-Aurèle, que l'on peut admirer à Rome sur la place du Capitole, est l'un des plus remarquables chefs-d'œuvre de la statuaire sous les Antonins.

Les bas-reliefs historiques sur les arcs de triomphe ou les colonnes isolées deviennent la décoration principale de ces monuments, comme on le remarque sur la *colonne Trajane*, élevée par le sénat romain en l'honneur de Trajan, après sa conquête de la Dacie. Elle se compose de trente-quatre tambours de marbre blanc évidés à l'intérieur en vis d'escalier. Le piédestal circulaire qui surmonte le chapiteau portait la statue de Trajan en bronze doré, remplacée au seizième siècle par celle de saint Pierre également en bronze. Ces bas-reliefs se composent de cent quatorze scènes dont la série s'enroule en spirale autour du fût. On sait que cette colonne a servi de modèle à l'architecture de notre colonne Vendôme.

Il en est de même de la colonne Antonine, l'arc de Titus, l'arc de Septime Sévère, au Forum, et de l'arc de Constantin, dont les bas-reliefs sont retombés dans la plus profonde décadence.

Mais qu'importaient alors aux Romains les vaines fantaisies de l'art! Maitres du monde, leur ambition était ailleurs. Virgile n'avait-il pas fait dire à l'un de ses personnages : « D'autres sculpteront plus délicatement le bronze et donneront la vie au marbre. Toi, Romain, souviens-toi que ton rôle est de gouverner les peuples. »

En dehors de la statuaire proprement dite, l'art romain du bronze nous a laissé de curieux et élégants vestiges de ses applications à l'ornementation des édifices ou à celles du mobilier, témoin cette admirable applique de porte, trouvée à Capoue, qui fait partie aujourd'hui des collections du duc de Luynes, au Cabinet des médailles. La tête de Méduse qui la décore en haut-relief est un des spécimens les plus parfaits de l'effigie de la Gorgone, embellie par l'idéal de l'art des grands siècles. Telle encore cette lampe de bronze surmontée d'un baladin, trouvée à Pompéi et conservée au musée de Naples.

Avant de quitter l'art romain du bronze, il nous reste à parler des médailles et des monnaies qui préoccupent à un si haut point les numismates modernes.

La première ou plutôt la plus ancienne valeur d'échange, chez les Romains, était le bétail. On payait avec un bœuf ou un mouton, et le nom en est resté, puisque le mot *pecunia* dérive de *pecus* (bétail). Puis on lui substitua le bronze, d'abord à l'état de lingots ou de morceaux irrégulièrement découpés (*æs rude*) et qu'il fallait peser à chaque transaction. Plus tard on imagina de donner aux lingots une forme régulière, de les peser une fois pour toutes et de garantir leur poids par une marque : L'*æs rude* devint l'*æs signatum*. Ce fut la première monnaie. On attribue cette innovation à Servius-Tullius.

L'*æs signatum* circulait sous deux formes, l'une quadrangulaire et l'autre circulaire.

Le premier était un lingot d'environ cinq livres romaines (un peu plus d'un kilogramme et demi), régulièrement aplati, de manière à figurer un carré long et portant une empreinte sur chaque face : un bœuf, un

Méduse. Applique de bronze d'une porte de Capoue.
(Cabinet des Médailles.)

mouton ou un porc, image des animaux qui avaient servi aux transactions primitives.

L'*æs signatum* circulaire était l'unité monétaire par excellence, appelée l'*as*. La moitié était le *semis*, le tiers le *triens*, le quart le *quadrans*, le sixième le *sextans*, et l'*uncia* ou once, le douzième.

Toutes ces divisions portaient au revers une proue de navire avec la légende ROMA, mais sur la face chacune

Baladin sur une lampe en bronze, (musée de Naples).

portait une tête différente, Janus, Jupiter, Minerve, Hercule, ou la déesse Roma.

La forme carrée ne disparut pas entièrement devant la ronde, car on en connaît qui portent l'image d'un éléphant, et qui sont de l'époque de la guerre contre Pyrrhus 273 ans av. J.-C.)

Les unes et les autres, à reliefs très saillants, étaient fort habilement faites et dues sans doute à des sculpteurs grecs. Ces types se conservèrent jusqu'à la fin de la république. Depuis, les proues de navires disparurent pour faire place à l'effigie de l'empereur et à divers symboles.

L'as normal était lourd et incommode. Sans être comme les monnaies de Sparte, qu'il fallait charger sur des chariots quand on en transportait quelques-unes, les monnaies romaines de bronze ne se prêtaient plus à l'augmentation des transactions.

On eut alors recours à l'argent, et le bronze, ayant cessé d'être l'étalon monétaire, ne servit plus que comme appoint à la nouvelle monnaie. L'unité était devenue le *denarius* (denier), équivalant à dix as et comportant deux divisions : le *quinarius* ou demi-denier et le *sestertius* ou quart de denier.

La nouvelle monnaie portait sur la face la tête de Pallas ornée d'un casque ailé, et sur le revers les Dioscures (Castor et Pollux à cheval).

Plus tard le *victoriat*, importé d'Illyrie, porte sur la face la tête laurée de Jupiter, et au revers une Victoire qui couronne un trophée, avec la légende ROMA.

A la suite des désordres civils, les magistrats chargés de la fabrication des monnaies modifient les empreintes selon leur caprice, et y mettent même leurs noms et leurs images, avec des espèces de rébus analogues aux armes parlantes du moyen âge.

Ainsi Publicius Malleobus marque les deniers d'un marteau (*malleus*), Aquillius Flosus d'une fleur (*flos*), Furius Crassipes d'un pied (*pes*), Furius Purpureo du coquillage à pourpre (*murex*), Pampennis Musa de *muses*, ou d'Hercule Musagète, etc.

A l'époque de César commencent les monnaies impériales. Sous Auguste, l'or devient l'étalon officiel avec le denier d'or (*aureus*) pour unité. Le Sénat ne garde plus son droit de frappe que pour les pièces de bronze.

Ce qui est curieux dans les monnaies impériales, et particulièrement pour les bronzes, ce sont les revers. Ils présentent une série de compositions qui sont comme le journal de la politique impériale. Ainsi ils font allusion à l'événement du jour, à un voyage de l'empereur, à la promulgation d'une loi, à des traités de paix, à une distribution d'argent, à une remise d'impôts, etc. Sur un bronze de Nerva, on voit deux mules paissant, en souvenir d'un décret bienfaisant qui avait délivré les populations de l'Italie de fournir, sur réquisition, la cavalerie de l'État. Un bronze de Titus montre le Colisée vu à vol d'oiseau, un bronze de Trajan l'image de la basilique Ulpia. A l'époque d'Hadrien, les bronzes reproduisent des statues d'Hercule, de Jupiter et d'Esculape. Nos gravures ci-contre nous montrent quelques-uns des plus remarquables spécimens des grands bronzes au temps des Césars.

Grand bronze de Vitellius.

Grand bronze à la colonne Trajane.

Les empereurs font souvent connaître par un médaillon la mythologie d'une nouvelle province conquise. D'Auguste aux Antonins, c'est la belle époque; les têtes gravées sur les pièces ou les médailles sont d'un beau style.

Après eux le dessin devient lourd, le modelé à peine indiqué, et ce n'est guère que par leurs attributs qu'on reconnait les portraits des empereurs.

Néron lauré (grand bronze).

Quant aux *médaillons* proprement dits, ils sont généralement beaucoup plus grands que les monnaies ordinaires. Leur exécution est plus soignée et leur relief plus fin. Leurs empreintes reproduisent des allusions aux discours militaires, à la prospérité de l'empire ou à l'illustration des légendes nationales. Ils étaient problablement frappés sur l'ordre de l'empereur pour être distribués en son nom comme cadeaux officiels, marques de faveur, soit aux princes alliés, soit aux grands personnages de l'empire, soit aux légions. C'étaient comme les *ordres* de chevalerie de nos jours.

Hadrien haranguant ses soldats.

Les médaillons de bronze étaient, en revanche, frappés par le Sénat comme un

Hadrien et Sabine (grand bronze, face et revers).

hommage à l'empereur à l'occasion de quelque grande

circonstance. Mais ils ne portaient jamais les deux lettres S. C. (Senatus Consulto), qui seules caractérisaient les bronzes ayant cours. A l'époque de Constantin les *contorniates*, médaillons plus minces, marqués d'un sillon circulaire (contorna), représentaient des sujets mytho-

Grand bronze au Capitole restauré.

Allocution militaire (grand bronze de Galba).

logiques, historiques et héroïques, ainsi que des sujets relatifs au théâtre, aux jeux de cirque et de l'amphithéâtre, aux naumachies, aux combats de bêtes et aux luttes de gladiateurs. C'était la décadence qui arrivait à grands pas, avec les excès qui l'accompagnent dans toutes les civilisations mourantes.

VI

LE BRONZE CHEZ LES BYZANTINS

C'est au milieu d'une société très avancée et déjà arrivée à l'époque des collections et des musées que se produisit l'art chrétien ou byzantin. La religion nouvelle proscrivait les images. Saint Paul, à la vue des chefs-d'œuvre de l'antiquité, à Athènes, s'indignait contre les statues du paganisme. Il n'y voyait que des instruments de perversion et tenait l'art classique pour une abomination. Le Christ, d'après ses premiers apôtres, ne devait être représenté que sous une forme chétive. Mais le bon sens et le goût public firent bientôt justice de cet ostracisme. Sous le règne de Constantin, raconte Codinus, une grande quantité de statues furent apportées d'Athènes, de Cyzique de Césarée, de Tallès, de Sardes, de Mocissus, de Sebastia, de Satalie, de Chaldeia, d'Antioche la Grande, de Chypre, de Crète, de Rhodes, de Chios, d'Attalie, de Séleucie, de Smyrne, de Tyanée, d'Iconium, de Nicée en Bithynie, de Sicile et de toutes les autres villes de l'Orient et de l'Occident. Ainsi l'art byzantin ne rompit point brusquement toutes les traditions qui le rattachaient à l'antique.

Constantin avait appelé la sculpture à concourir à la décoration de la nouvelle capitale. Les fontaines qui se dressaient sur les places de Byzance étaient ornées de bas-reliefs avec les images du Bon Pasteur et de Daniel dans la fosse aux lions. En même temps le goût de l'orfèvrerie se développe et répond à l'amour du luxe et du faste qui est le caractère dominant de l'art constantinien. Constantin multipliait partout l'or, l'argent, le bronze et les pierres précieuses, surtout dans cette basilique de Sainte-Sophie qui fut le type par excellence de l'art byzantin, aussi bien comme décoration que comme architecture. De plus, on élevait des statues aux empereurs. Procope décrit celle de Justinien qui se dressait sur l'Augustæon, en face de Sainte-Sophie, et qui subsista jusque vers l'époque de la prise de Constantinople par les Turcs. La statue de l'empereur, remarquable par son costume, qui était celui d'Achille, se dressait sur un cheval de bronze. Quand il s'agissait de fondre, soit des métaux précieux, soit le bronze, les Byzantins conservaient une habileté de technique remarquable, en même temps que la sculpture en marbre dégénérait.

Depuis la mort de Justinien jusqu'au commencement du huitième siècle, les iconoclastes arrêtent tout essor sculptural, mais l'art reprit le dessus avec Basile le Macédonien et ses successeurs. Il s'éleva à côté de Sainte-Sophie une nouvelle église dont Constantin le Porphyrogénète dit : « On y avait uni tout ce que l'art, la richesse et la volonté la plus active avaient pu rassembler, et Basile offrit cette église au Christ comme une épouse toute brillante de perles, d'or et d'argent, toute ornée de marbres aux couleurs variées, de mosaïques et de tissus de soie. » A l'extérieur, des tuiles en bronze doré recouvraient les coupoles; dans l'atrium se dressaient deux grandes fontaines en marbre décorées d'ornements en bronze.

L'art du bronze à Byzance était à son apogée. Ses ateliers étaient constamment mis à réquisition. Nombre de cathédrales possèdent encore les glorieux vestiges des œuvres des bronziers byzantins. Telles les portes de bronze des vieilles basiliques, à Rome, à Palerme. Celles de Saint-Zénon de Vérone méritent une mention spéciale ; raconter leur histoire, c'est dire celle de l'art byzantin du bronze.

Des cinquante églises ou à peu près que possède l'antique cité d'Odoacre et de Théodoric, la plus intéressante à coup sûr, celle qui frappe le plus l'imagination, autant par sa grandeur architecturale que par les lointains souvenirs qu'elle rappelle, et par l'origine, mystérieuse encore, de sa fondation, est la basilique de Saint-Zénon. Commencée, selon une tradition incertaine, par Pépin, fils de Charlemagne, sa construction était déjà très avancée au dixième siècle. Les chroniqueurs, entre autres l'évêque Raterius, nous apprennent que l'empereur Othon Ier, passant par Vérone pour se rendre à Rome, laissa à la ville « une grosse somme d'argent » pour l'achèvement de son église.

Saint-Zénon appartient à l'époque que l'on est convenu d'appeler *romane*. Par ses lignes architectoniques droites et sévères, par la disposition générale du monument, un temple élevé sur un autre temple, la basilique véronaise rappelle entièrement la forme des anciennes églises de la Syrie centrale, construites au deuxième siècle, ou encore celle des anciens sanctuaires de Rome, Sainte-Marie Majeure, Saint-Pierre hors les Murs, Saint-Pierre aux Liens, presque contemporains de la basilique *civile* de Constantin, commencée sous Maxence et achevée dans les premières années du quatrième siècle.

Les portes de Saint-Zénon, comme celles similaires exécutées entre le neuvième et le onzième siècle, appartiennent à cette époque toute spéciale de l'histoire de l'art que nous étudions ici, celle de la sculpture en métal et particulièrement la sculpture en bronze, qui devait mourir et renaître en Italie en même temps que grandissait ou qu'expirait le flot des invasions barbares. Au cinquième siècle, lorsque Constantin avait déjà transporté depuis longtemps le siège de l'empire à Byzance, entraînant à sa suite les artistes qui peuplaient Rome, le pape saint Hilaire peut cependant encore faire exécuter en Italie des portes de bronze damasquinées d'argent pour les églises de Saint-Jean-Baptiste et de Saint-Jean-l'Évangéliste. Deux siècles plus tard, le pape Honorius, après avoir reconstruit l'église de Sainte-Agnès hors les Murs, fait élever au-dessus du tombeau de cette martyre un grand ciborium de bronze. C'est le dernier ouvrage en métal d'origine italienne que nous voyions mentionner jusqu'au neuvième siècle, et même jusqu'à l'arrivée, à la fin du onzième, des artistes grecs, premiers précurseurs de la Renaissance. Du neuvième au onzième siècle, les ouvrages en bronze seront tous d'origine byzantine.

Tombée en décadence en Italie, la sculpture en bronze était restée en assez grand honneur à Constantinople pour qu'elle n'eût point à souffrir même de la persécution des empereurs iconoclastes. Les artistes grecs jouissaient d'une réputation universelle qu'ils devaient en grande partie aux portes qu'ils exécutaient pour les églises. La porte de Sainte-Sophie de Constantinople, l'une des plus antiques, subsiste encore.

Au onzième siècle, l'activité des ateliers byzantins se manifeste par une série de travaux considérables destinés à l'Italie. Quelques années nous séparent seulement de l'an mille. C'est l'époque où, sous l'influence des terreurs superstitieuses, les sanctuaires sortent de terre, plus resplendissants les uns que les autres, fouillant le marbre de leurs façades, décorant leurs autels des plus riches spécimens de l'orfèvrerie. L'Italie marque sa trace dans ce grand mouvement religieux, et, par l'intermédiaire de ses comptoirs orientaux, adresse ses commandes aux ateliers de Constantinople. C'est ainsi que deux membres de la riche famille des comtes Mauro d'Amalfi, Maurus et son fils Pantaleo, donnent à la cathédrale de leur cité natale des portes de bronze byzantines, où sont représentés, dans les quatre grands compartiments du centre. le Christ, la Vierge, saint Pierre et saint André. Quand Léon, abbé du Mont-Cassin, les vit, elles lui plurent tellement qu'il envoya à Constantinople les mesures des portes de son église. Pantaleo contribua encore à cette dépense, mais les portes du Mont-Cassin ne présentent point de figures; on y plaça des inscriptions qui énumèrent les possessions de l'abbaye.

Encadrées par le portail et par les bas-reliefs qui décorent leurs jambages, les lourdes portes du sanctuaire de Vérone nous frappent par leur ornementation étrange. Ces portes, qui passent inaperçues pour la plupart des visiteurs, occupent cependant une place unique dans l'histoire de l'art : « Ne manquez pas d'observer — dit déjà au dernier siècle l'historien véronais Maffei dans sa *Verona illustrata* — les portes de San-Zenon, en bois recouvert de plaques de bronze historiées. L'art en est tout barbare, étalant aux yeux, sous forme de grossiers fantoches, des scènes tirées de l'Ancien et du Nouveau Testament, ainsi que de la chronique des miracles de saint Zénon. Notez surtout la Crucifixion, dans laquelle le soleil et la lune, rappelant le miracle de l'obscurité qui suivit le martyre du Christ, sont représentés par deux figures d'homme et de femme, à la manière des gentils. » La description que vient de nous donner Maffei se retrouve exactement sur l'une des plaques de la porte de la cathédrale de Saint-Zénon. Faisant ressortir ce qu'il appelle la grossièreté d'exécution de ces bas-reliefs, l'historien véronais ajoute : « Bonnano de Pise exécuta beaucoup mieux les portes de bronze du temple de Monreale, près de Palerme, en 1186. » Maffei, lorsqu'il écrivit l'histoire de sa ville natale, ignorait certainement les vicissitudes qu'avait eu à subir l'art du bronze en Italie jusqu'à sa renaissance au douzième siècle.

En 1076, Pantaleo d'Amalfi donna à l'église de Sant'-Angelo in monte Gargano des portes dont la décoration est beaucoup plus intéressante pour l'histoire de l'art. Celles de l'église du Saint-Sauveur d'Atrani furent dues, en 1087, à la libéralité de son fils. A son tour, Robert Guiscard, après s'être emparé de Salerne (1077), offrit au dôme de cette ville des portes qui ont la même origine. On y voit, aux côtés de saint Matthieu, les figures de Robert Guiscard, de sa femme et du protosebastos Landulf Botromiles, qu'une inscription indique comme le fondateur de l'église.

Le plus magnifique spécimen de portes de bronze exécutées au onzième siècle à Constantinople fermait encore, avant l'incendie de 1823, l'église de Saint-Paul hors les Murs, de Rome. Ces portes, commandées par l'abbé de Saint-Paul, Hildebrand, le futur Grégoire VII, furent exécutées par un artiste du nom de Stauracios. Comme celles de Saint-Zénon, elles étaient en bois, recouvertes d'une feuille de bronze de 3 lignes d'épaisseur. Les sujets qui remplissent les cinquante-quatre compartiments sont tirés de l'histoire du Christ et de la Vierge, de celles des apôtres, des prophètes, etc. L'attention est surtout attirée par la technique même de l'œuvre byzantine. La décoration n'est point faite en effet en relief, l'artiste a dessiné en creux les traits des figures et les plis des vêtements, puis, dans les sillons ainsi ménagés, il a inséré des fils d'argent et d'or. Ce ne sont donc point des bas-reliefs, mais des figures damasquinées, à la façon des plaques d'airain réticulées d'or qui enrichissaient les parois de l'église byzantine des Saints-Apôtres. Nous retrouvons le même procédé et le même style, les mêmes figures allongées qui caractérisent les œuvres de la fin du onzième siècle, dans l'ornementation des portes de Salerne et dans celle de l'une des portes de Saint-Marc de Venise, donnée en 1085 par Alexis Comnène aux Vénitiens.

Les portes de Saint-Zénon appartiennent-elles à la catégorie des œuvres fondues à Constantinople ou ont-elles été exécutées en Italie même, par des artistes indigènes, contemporains ou précurseurs des auteurs des portes des églises de Trani, de Monreale, de Pise, de Lucques? Leur ornementation ne rappelle en rien les procédés adoptés pour les portes ornées au trait et damasquinées de Salerne et de Saint-Paul; d'un autre côté, l'exécution rudimentaire des bas-reliefs ne permet guère de les classer dans la catégorie des portes déjà savamment ouvragées du douzième siècle. Les détails des différents sujets qui les ornent se ressentent évidemment de l'influence byzantine, autant par les dessins des entrelacs qui servent d'encadrement et de bordures que par la répétition du profil des façades à coupoles; nous inclinerions donc à croire qu'elles sont d'origine italienne, et que leur auteur s'est inspiré des artistes grecs appelés par l'abbé Didier, vers 1080, au Mont-Cassin. Faut-il encore chercher l'origine des portes de Saint-Zénon en Allemagne, où, dès les premières années du onzième siècle, en 1011, l'archevêque de Mayence, Willigis, fait fondre les portes de bronze de sa cathédrale, et où encore, en 1015, saint Bernward fait exécuter celles de la cathédrale d'Hildesheim, enrichies, comme celles de Saint-Zénon, de hauts-reliefs représentant des scènes de la Genèse et des Évangiles? On ne saurait guère chercher en France leur origine; ce n'est qu'en 1140 que l'abbé Suger fait exécuter les portes de l'église de Saint-Denis, les premières qui aient été fondues dans notre pays. Quoi qu'il en soit et à quelque solution que l'on s'arrête, les portes de l'église de Vérone doivent être considérées comme l'un des plus curieux spécimens de l'art du bronze à l'époque romane, et leur exécution procède, d'une façon plus ou moins directe, des procédés de l'école byzantine, dont l'influence se faisait sentir dans tous les centres artistiques du continent[1].

Mais abandonnons cette digression historique Aussi bien l'art byzantin, que nous avons vu briller d'un si vif éclat du neuvième au onzième siècle, tombe lui-même en décadence. L'école d'artistes grecs émigrés en Italie va jeter de profondes et vivifiantes racines, sur lesquelles viendra se greffer l'éblouissante époque de la Renaissance. Aux portes déjà remarquables de Bonnano de Pise viendront s'ajouter, en 1195, celles que Pietro et Uberto de Plaisance vont fondre, sur l'ordre de Célestin III, pour Saint-Jean de Latran. Un peu plus d'un siècle nous sépare encore des années glorieuses qui virent Andrea Pisano achever celles du Baptistère de Florence, et, plus tard, Lorenzo Ghiberti poser au même baptistère les fameuses « portes du Paradis ».

En dehors des portes mêmes des basiliques, le bronze servait en maintes applications à la décoration du mobilier ecclésiastique. Nous le voyons par une série d'objets conservés au musée du Vatican, tels que des croix où est représentée la Crucifixion ou des plaques de métal ornées d'images de saints et qui autrefois avaient été, sans doute, fixées sur des coffrets et des reliquaires. On signale, entre autres, une plaque de bronze du musée de Lyon provenant d'Athènes, et représentant la Vierge tenant l'Enfant Jésus.

A Ravenne, la ville d'Italie où l'on peut le mieux étudier

1. *Les portes de bronze des basiliques du XIe siècle et l'église Saint-Zénon de Vérone.* — Voir, *Magasin pittoresque*, notre étude avec gravures (Août 1888).

l'art chrétien primitif du cinquième au huitième siècle, on trouve comme une répétition de Constantinople et de ses monuments. C'est le sol classique de l'alliance de l'art romain avec l'art byzantin. Au couvent des Camaldules, on voit encore une collection de bronzes très précieux pour l'étude de l'école byzantine. L'église de Saint-Vitale est une imitation de Sainte-Sophie et a servi elle-même de modèle à la basilique d'Aix-la-Chapelle. Les grilles de bronze de Saint-Apollinaire *in Classe* sont célèbres. Mais la sculpture de cette époque est déjà, en général, fort négligée ; elle ne reprendra son essor que vers la fin du quatorzième siècle, à l'aurore de la Renaissance italienne.

VII

LE BRONZE SOUS LA RENAISSANCE ITALIENNE

L'abaissement que l'avènement du christianisme avait fait subir aux arts plastiques et à l'idéal hellénique, pendant l'époque byzantine en Orient et l'époque romane en Occident, dura jusqu'au treizième siècle. La notion du beau et de la liberté artistique paraissait à tout jamais disparue. Comme aux époques primitives, on en était revenu aux grossières formules du symbolisme.

Mais, à cette époque, les républiques italiennes ayant fondé sur la liberté l'indépendance des citoyens, il se produisait dans le nord et le centre de la Péninsule un accroissement de richesse qui appelait de soi-même le progrès et l'émancipation des arts. On commence à étudier l'antique, non pour l'imiter servilement, mais pour s'inspirer de son idéal, pour en revenir à l'expression de la vie, à l'observation de la nature et à la science réelle.

C'est à Florence qu'éclatèrent les premières manifestations de la Renaissance italienne. Cimabue et Giotto en furent les initiateurs. Les sculpteurs suivirent leur exemple. Un élève de Giotto, Andrea Pisano, exécute les bas-reliefs de l'une des trois portes du Baptistère de Florence, que Lorenzo Ghiberti devait compléter.

Ghiberti n'avait que vingt-trois ans lorsque les magistrats de Florence ouvrirent un concours pour les deux portes de bronze du Baptistère qu'il restait à exécuter. Il l'emporta sur ses concurrents plus âgés, Giacomo della Quercia, Brunellesco, et Bartoluccio, son propre beau-père. Il exécuta d'abord celle du nord, puis fut chargé de celle de l'est, à laquelle il travailla pendant vingt-huit ans (de 1424 à 1452). Cette porte est divisée en dix panneaux représentant des scènes de l'Ancien Testament.

Dans les intervalles il plaça vingt-quatre statuettes de personnages bibliques, et, entre les statuettes, vingt-quatre têtes. L'ensemble est entouré d'une grande bordure où des animaux se jouent au milieu de fleurs et de feuillages. L'effet décoratif est d'une grande richesse et les personnages de la plus haute élégance. On sait que Michel-Ange déclarait ces portes « dignes d'être placées à l'entrée du Paradis ». Quant à la composition des groupes, elle est si habile, que malgré le grand nombre de figures mises en scène, elle se déroule avec une ordonnance qui rappelle celle de la peinture. C'est en même temps le défaut qu'on a reproché à Ghiberti, qui a ménagé dans ses panneaux des plans successifs, de la ronde bosse aux lointains les plus délicats, comme s'il eût exécuté ses compositions sur la toile.

C'est ce défaut que sut éviter Donatello en traitant le bas-relief en sculpteur plutôt qu'en peintre, et en proscrivant les effets de perspective et de paysage. Donatello fut le précurseur de Michel-Ange. Comparé à Ghiberti et à Lucca della Robia, ses contemporains, partisans de la conciliation entre l'art grec et l'art chrétien, Donatello fut un révolutionnaire qui donna, le premier, un libre cours à son imagination puissante et originale. Nous devons à M. Eugène Müntz une étude très détaillée sur ce génial artiste qui, de concert avec son illustre ami Brunellesco, inaugura de la manière la plus brillante l'ère de la Renaissance.

Donatello naquit à Florence vers l'an 1386. Après avoir débuté dans l'atelier d'un orfèvre, il se voua à la sculpture; et alla se perfectionner à Rome. Vasari raconte, à ce propos, l'anecdote suivante : « Le jeune orfèvre-sculpteur venait de terminer, pour l'église de Santa-Croce, un crucifix de bois. Ayant consulté son ami Brunellesco sur le mérite du travail, celui-ci répondit que c'était un paysan et non le corps parfait du Christ qu'il avait cloué sur la croix.

« Piqué au vif, Donatello lui répliqua : — S'il était aussi facile d'exécuter que de critiquer, mon Christ te paraîtrait un Christ et non un paysan. Mais prends donc du bois et essaye d'en faire un à ton tour. Brunellesco ne voulut pas en avoir le démenti, et passa plusieurs mois à faire secrètement un crucifix auquel il réussit à donner toute la perfection désirable. Puis il invita Donatello à déjeuner avec lui. En route il achète quelques denrées et les remet à son ami : — Tiens, lui dit-il, porte cela à la maison, je te rejoins à l'instant. Donatello qui ne se doutait de rien, aperçoit en entrant le crucifix exposé dans son meilleur jour. Il se place devant pour l'examiner, puis, hors de lui d'admiration, ouvre les mains et laisse tomber œufs, fromage et le reste. C'est ainsi que Brunellesco le surprend : — Qu'est-ce à dire? s'écrie-t-il; que mangerons-nous si tu jettes tout à terre? — Pour ma part, répond Donatello, j'en ai assez; mais brisons là : à toi il appartient de sculpter des Christs, à moi de sculpter des paysans. »

Ces deux crucifix existent encore à Florence : celui de Donatello dans l'église de Santa-Croce, celui de Brunellesco dans celle de Santa-Maria-Novella.

Cette anecdote prouve que la première tendance de Donatello, affranchi de toute école, était le réalisme. Mais il devait le réchauffer, dans ses œuvres suivantes, par l'originalité et la puissance de l'expression. D'un autre côté, l'étude de l'antique l'avait sans doute convaincu de la nécessité de subordonner la recherche du caractère et de la vie à celle de la beauté. Il le prouva dans ses premières statues, à Or' San Michele : *saint Pierre* et *saint Marc*, et dans le *saint Louis* en bronze, de Santa-Croce. Mais il revient parfois à son réalisme primitif, entre autres dans une statue en bronze de *saint Jean-Baptiste*, qui est au musée de Berlin.

Dans le *David*, en bronze, exécuté pour Cosme de Médicis et transporté en 1490 au palais de la *Signoria*, à Florence, Donatello a entrepris, le premier des artistes de la Renaissance, de remettre en honneur l'étude du nu, si longtemps proscrite, et il y a magistralement réussi. Le jeune pâtre, n'ayant pour tout vêtement qu'un pétase et des jambières, est debout, un pied légèrement posé sur la tête de Goliath, le glaive dans la main droite, la pierre dans la gauche, qu'il appuie contre sa hanche. Son visage, encadré par de longs cheveux, rayonne de joie; son corps jeune et souple trahit sa vigueur. Il est en même temps fier et ingénu, d'une expression tout originale et vivante qui donne comme un avant-goût de la fraicheur d'inspiration de Michel-Ange, cent ans avant le grand maître.

Une statue, en bronze, de *Cupidon*, du musée de Florence, est exécutée dans un sentiment analogue. Le jeune dieu, grotesquement attifé de culottes mal attachées, respire une gaieté naïve incomparable.

Les portes de la *sacristie de San-Lorenzo* représentent quarante apôtres ou saints affrontés deux par deux dans les attitudes les plus variées et les plus imprévues, de face, de profil, de trois quarts, se courbant, se redressant, s'élançant ou se reculant et gesticulant sans souci de leur dignité traditionnelle. C'est plein d'esprit, d'ironie et de verve. Il fallait, en effet, toute l'imagination d'un Donatello pour éviter la monotonie d'une pareille donnée.

La *Judith* de Donatello.
(Bronze de la *Loggia dei Lanzi*. Florence.)

La statue de *Gattamelata*, à Padoue, passe pour la plus belle statue équestre de la Renaissance. C'est une œuvre colossale dans laquelle on voyait pour la première fois un cheval figuré d'après nature. Le mouvement de l'animal paraît avoir été imité d'après un des chevaux de Venise. Le général, solidement campé sur sa monture, a l'attitude aisée et imposante, sans raideur aucune.

On voit aussi au musée de Naples une superbe *tête de cheval*, en bronze, qu'on avait prise pour un antique et qui passe aujourd'hui pour être l'œuvre de Donatello.

L'une de ses œuvres les plus célèbres est la *Judith*, coulée en bronze pour Cosme de Médicis, et qu'on voit aujourd'hui à Florence dans la *Loggia dei Lanzi*. Après l'expulsion des Médicis, elle avait été exposée sur la place de la *Signoria*, avec cette fière épigraphe que l'on peut lire encore sur le piédestal :

ÆXEMPLUM SALUTIS PUBLICÆ CIVES POSUERE.

Pendant sa longue carrière, car il mourut âgé de plus de quatre-vingts ans, Donatello avait fait de nombreux élèves : le Basso, Giovanni de Pise, Simone Ferrucci, Hanni di Banco, Agostino di Dulcia, Desiderio da Settignano, Bertolda, Vellano, Andrea Riccio, Andrea del Aquila et bien d'autres.

L'un d'eux, Verrochio, professait pour lui une telle admiration que, sur son lit de mort, il demanda qu'on lui plaçât entre les mains un crucifix sculpté par son glorieux maître.

Le nom de Verrochio, que nous allons retrouver plus loin, nous conduit à citer au moins celui de son élève, Léonard de Vinci, ce génie universel qu'aucune branche du savoir humain ne laissa indifférent. Comme sculpteur, Léonard travailla de longues années à la *statue équestre de François Sforza*; mais quand son œuvre fut terminée en terre, il ne sut point se déterminer à la fondre en bronze, et son modèle fut bientôt détruit. On n'a pu le reconstituer que par les dessins qu'il en a laissés.

Oublierons-nous *Michel-Ange*, bien qu'il affectionnât particulièrement le marbre, et qu'il ne nous ait laissé que de rares œuvres en bronze, pour la plupart perdues à jamais, comme la statue en bronze du pape *Jules II*, détruite à Bologne dans une émeute, et le *David* de bronze, envoyé à Blois et disparu sans que l'on puisse en retrouver les traces?

Comme sculpteur, Michel-Ange avait exécuté à Florence le *Combat des Centaures*, bas-relief en bronze rempli de fougue et de mouvement. Ses fameuses statues de la chapelle de Médicis, à San-Lorenzo, *le Jour* et *la Nuit*, *l'Aurore* et *le Crépuscule*, *le Pensieroso*, image de Laurent de Médicis, sont reproduits partout et dominent, de toute la hauteur du génie, la sculpture de la Renaissance et des temps modernes. Et cependant ce génie si adulé, même de son vivant, était rongé de mélancolie. « La peinture, la sculpture, la fatigue et la bonne foi m'ont miné, écrivait-il, et tout va de mal en pis. Il aurait bien mieux valu pour moi que dès ma jeunesse je me fusse établi fabricant d'allumettes, je ne souffrirais pas toutes les douleurs que j'endure. »

On attribue aussi à Michel-Ange le dessin du piédestal de la *statue équestre de l'empereur Marc Aurèle* à Rome. que nous avons citée dans un précédent chapitre. Il en a si bien calculé la hauteur que la tête du cavalier se trouve à la portée de la vue du spectateur, contrairement aux statues équestres, qui sont placées beaucoup trop haut.

Cette statue, autrefois dorée, avait été primitivement placée, de 1187 à 1538, sur la place du Palais de Latran, sur le Forum, près de l'arc de *Septime Sévère*. On doit,

Le *Persée* de Benvenuto Cellini.
Bronze de la *Loggia dei Lanzi* (Florence).

paraît-il, son état parfait de conservation à la croyance populaire qui en faisait une statue de Constantin, le premier empereur chrétien. La superstition romaine attachait encore, au siècle dernier, d'après une tradition populaire, l'espérance d'un retour au bon et heureux temps des Antonins à cette statue, pour le jour où la dorure, qui ne s'y fait plus voir que par places, la recouvrirait de nouveau tout entière.

Un des plus grands sculpteurs en bronze de l'Italie fut *Benvenuto Cellini*. Parmi et au-dessus de ses innombrables ciselures d'aiguières, de vases ou de coffrets, il faut placer son *Persée* avec la tête de Méduse, statue en bronze placée, comme la *Judith*, à la *Loggia dei Lanzi*, à Florence. C'est une œuvre élégante, bien modelée, mais un peu surchargée de détails. Le héros foule aux pieds le corps de sa victime et présente de la main gauche la tête de la Méduse dégouttante de sang. Un immense casque très richement orné et muni d'ailerons couvre sa tête, tandis que sa main droite tient un large coutelas. Le piédestal, très orné et portant sur ses quatre faces des niches renfermant des statuettes, est d'une haute élégance. On doit aussi à Cellini les statuettes et les bas-reliefs du piédestal de la *Délivrance d'Andromède*. On sait que cet aventurier artiste, fut attiré en France par François Ier, et qu'il y prit part, surtout comme habile orfèvre, à la Renaissance française.

L'histoire du bronze sous la Renaissance italienne a laissé du reste des traces resplendissantes dans celles des grandes cités qui furent, à cette époque lumineuse de l'art, des centres de production et de création artistiques. Florence, Venise, Bologne, Padoue, et avec elles Rome, cette ville au trésor inépuisable, nous montrent à chaque pas que nous faisons dans leurs rues ou dans leurs musées, tout un amoncellement de merveilles.

Au *Bargello* de Florence, l'ancien palais du Podestat, aujourd'hui musée nationnal, c'est d'abord, dans la *salle des bronzes*, le *David* de Donatello et son *saint Georges*; un *chien*, bas-relief par Benvenuto Cellini, des *grotesques* en bronze, des *figures de fontaine*, un *paon* et des statuettes d'*Apollon* et de *Junon*, de l'école de Jean Bologne, dont la France revendique le génie; *l'Amour terrassant un reptile*, de Donatello; *Mercure*, par Jean Bologne : un *David* par Andrea Verrochio, statue charmante de naïveté et de jeunesse.

Dans la même salle est le buste colossal du grand-duc *Cosme Ier*, par Benvenuto Cellini, œuvre richement ornée qui rappelle un peu le *Persée*, ainsi que des modèles en cire et en bronze. On y voit aussi une belle *urne cinéraire* avec des anges, modelée par Ghiberti; le *Sacrifice d'Abraham*, par Brunellesco, et le même sujet par Ghiberti : ce sont les deux bas-reliefs du concours pour les portes en bronze du Baptistère, dans lequel Ghiberti l'a emporté sur son rival. En les contemplant, on est forcé de reconnaître que les juges ont eu raison. Chez Ghiberti, en effet, il y a plus de calme dans la composition, plus de science dans les draperies et un sentiment mieux inspiré de l'antiquité. Chez Brunellesco, au contraire, règnent une agitation pénible et une certaine affectation dans les poses. Enfin, à la sortie du Bargello, on voit un *buste de Michel-Ange*, en bronze, provenant d'une succession, et qui a le mérite de nous livrer les traits authentiques du grand artiste. Citons, en passant, au *Mercato Nuovo*, une magnifique copie du *Sanglier antique* en bronze, par Pietro Tacca.

A la chapelle Sixtine on voit, sur l'autel, un *tabernacle* en bronze doré figurant la basilique portée par des anges. A Saint-Pierre, le *Baldaquin* en bronze, supporté par quatre colonnes torses richement dorées, mais surchargé d'ornements de mauvais goût, a été fait en 1633, sous Urbain VIII, d'après le Bernin, avec le métal enlevé au Panthéon d'Agrippa. En même temps ce pape, qui était de la famille Barberini, consacrait une partie de ce bronze à des canons pour le fort Saint-Ange. Ce fut alors que Pasquin fit le jeu de mots célèbre : « *Quod non fecerunt Barbari, fecere Barberini.* »

La hauteur du baldaquin, avec la croix, est de 29 mètres et il pèse 63 054 kilogrammes. C'est sous ce baldaquin que se trouve le maître-autel où le pape dit la messe les jours de fête. Des portes en bronze doré provenant de l'ancienne église ferment la niche qui contient le sarcophage de Saint Pierre. Quant à la statue du saint elle-même qui se trouve à droite, près du baldaquin, elle passe pour avoir été fondue avec le bronze du *Jupiter Capitolin*, d'origine antique.

Dans l'abside se trouve la chaire de Saint-Pierre, siège en bronze par le Bernin, renfermant le trône. On a employé à cette œuvre de mauvais goût 74 260 kilogrammes de bronze. La *Sacristie* contient des candélabres de Benvenuto Cellini et de Michel-Ange. Comme le Vatican, comme le Capitole et les nombreux monuments qui font la gloire de Rome, Saint-Pierre du reste regorge de chefs-d'œuvre, dont la description nous entraînerait en dehors du cadre de la Renaissance.

A Venise, quelques artistes se sont inspirés des maîtres dont nous avons parlé en premier lieu. Ainsi, à la base du Campanile, qui, quoique isolé de la basilique, est le Clocher de Saint-Marc, on remarque des *portes de bronze* de *Sansovino* et les statues également en bronze de *la Paix*, d'*Apollon*, de *Mercure* et de *Pallas*. Devant l'église même de Saint-Marc, s'élèvent trois beaux *mâts vénitiens* sur des piédestaux de bronze en forme de candélabres, sculptés par Alexandre *Léopardo* en 1505. Ces mâts portaient jadis les drapeaux des trois royaumes de Chypre, de Candie et de Morée, en mémoire de leur soumission à la République. Depuis 1866, on y monte, les dimanches et jours de fête, le drapeau de la maison de Savoie.

Dans le chœur de Saint-Marc, sur la balustrade de chaque côté, se trouvent trois bas-reliefs en bronze, de Sansovino, représentant des scènes de la vie de saint Marc, et sur les stalles du chœur les quatre évangélistes en bronze du même artiste. Enfin, sur le maître-autel se trouve la fameuse *pala d'oro*, ornement composé de plaques d'or et d'argent émaillées et couvertes de pierreries. Cette merveille de richesse et d'ornementation byzantine fut exécutée en 1105, à Constantinople.

La porte du côté du maître-autel est décorée de bas-reliefs en bronze du même Sansovino. Dans le Baptistère, de grands fonts baptismaux en bronze, et le monument du cardinal Jean-Baptiste Zeno; sur le sarcophage est la statue colossale du cardinal. L'autel et le baldaquin sont également en bronze. Le trésor de Saint-Marc contient des candélabres attribués à Benvenuto Cellini.

Ne quittons point Saint-Marc sans mentionner, bien qu'ils appartiennent à l'art antique, le fameux quadrige de *chevaux de bronze doré*, haut de 1 m. 60, qu'on attribuait autrefois à l'école grecque de Lysippe, mais dans lesquels on croit aujourd'hui avoir découvert une œuvre romaine de l'époque de Néron. Ce sont des chefs-d'œuvre d'autant plus précieux qu'ils constituent le seul quadrige antique qui soit parvenu jusqu'à nous. Il est probable que dans l'origine ils ont décoré l'arc de triomphe de Néron, puis celui de Trajan.

Du reste, fidèles à leur destination, ils ont beaucoup voyagé. Constantin les fit transférer à Constantinople; le doge Dandolo les remporta à Venise en 1204, et en 1797 Bonaparte les enleva pour les conduire à Paris, où ils ont orné l'arc de triomphe du Carrousel. L'empereur François les a réclamés, et le sculpteur *Canova* les a réintégrés à leur ancienne place, en 1815.

Enfin, pour terminer notre revue des bronzes de Venise, mentionnons la *statue équestre de Bart. Colleoni*, général de la République, modelée par Verocchio, dont elle fut la dernière œuvre, et coulée en bronze par Al. Leopardo, qui

Statue équestre en bronze de Bartolomeo Colleoni. (Venise.)

en a exécuté le magnifique piédestal. Cette statue se trouve placée devant la *Scuola di Marco* (la confrérie de Saint-Marc), couvent érigé en hôpital, et dont la chapelle renfermait autrefois le tombeau de Marino Faliero.

A Pise, les portes de bronze de la cathédrale (le Dôme) ont été exécutées, d'après les dessins de Jean Bologne, par Mocchi, Tucca et Mora. Une, plus ancienne, est de

Bonnamus et présente vingt-quatre sujets bibliques. Dans la même église, la lampe en bronze suspendue au milieu de l'église suggéra à Galilée l'invention du pendule.

A Padoue, dans la basilique de Saint-Antoine, l'autel est orné de bas-reliefs représentant les miracles de saint Antoine, exécutés en bronze par Donatello. Devant l'église s'élève la *statue équestre de Gattamelata*, commandant en chef les armées de Venise de 1434 à 1444.

Encrier en bronze de Malatesta.

Cette statue, l'un des chefs-d'œuvre de Donatello et dont nous avons déjà parlé à propos de cet initiateur de la Renaissance, est la première statue en bronze qu'ait produite l'art moderne en Italie. Elle fut coulée par l'auteur et érigée en 1443. On voit au *Salame*, ou palais de justice de cette ville, un grand cheval de bois qui fut probablement construit par Donatello comme maquette de son cheval de Gattamelata, et il est probable qu'il avait pris pour modèle l'un des chevaux de Saint-Marc.

Il paraît qu'on s'en servit pour figurer le cheval de Troie à l'occasion d'un carnaval.

C'est à peine si, dans cette rapide énumération, il nous a été possible de signaler les plus précieux parmi les innombrables chefs-d'œuvre que nous a laissés la Renaissance italienne. « On pourrait, dit M. Müntz dans son

Mortier en bronze du Louvre.

Histoire de l'art, appeler la première Renaissance *l'âge du bronze*, car c'était bien la matière qu'elle se plaisait par dessus tout à mettre en œuvre : elle ne le recherchait pas seulement pour les grandes sculptures ornementales, elle le faisait intervenir sans cesse dans la vie journalière. Le bronze lui tenait lieu d'ustensiles en faïence, en verre, en ivoire, en bois, en fer. Encriers, coffrets, mortiers candélabres, armes, bénitiers, fonts baptismaux, canons historiés, grilles monumentales, il n'était instrument petit ou grand que le bronze ne s'enorgueillît de fournir. » Deux de ces remarquables spécimens de l'art du bronze sous la Renaissance sont : cet encrier en bronze au chiffre de Sigismond Malatesta, conservé dans une collection particulière à Rimini, et le superbe mortier en bronze que l'on peut admirer au Musée du Louvre.

VIII

LE BRONZE SOUS LA RENAISSANCE FRANÇAISE

La France, sous l'influence funeste de l'invasion romaine, de celle des Francs et des luttes successives entre les Huns, les Goths, les Allemands et les Bourguignons, se réveilla plus tard que l'Italie des ténèbres du moyen âge. Les Gaulois avaient laissé un art presque original; mais, depuis César, les Gallo-Romains, succédant aux Gaulois autochtones, avaient évidemment subi l'influence du vainqueur. Les villes du Midi ont conservé des ruines de temples, de thermes, d'arènes, analogues aux monuments de Rome. Le musée de Lyon possède notamment un siège et un brasier identiques aux bronzes découverts dans les fouilles de Pompéi.

Il faut remonter à Dagobert pour découvrir la source de notre art du métal. Ce fut ce roi réformateur qui enrichit le premier la basilique de Saint-Denis du tombeau de ce saint et de ses deux compagnons de martyre, Rustique et Eleuthéra. Il plaça dans le chœur et sur l'autel de cette église des ornements d'une grande richesse, entre autres une grande croix d'or pur couverte de perles et de pierres précieuses, exécutée par l'orfèvre Éloi, disciple d'artistes grecs que Dagobert avait accueillis à sa cour.

Le cabinet des antiques de la Bibliothèque nationale

possède encore le *grand fauteuil* de bronze doré provenant de l'ancien trésor de Saint-Denis, attribué à Saint-Éloi qui l'aurait exécuté sur l'ordre de Dagobert.

Ce trône, car c'était évidemment sa destination, est du plus beau style grec et a la forme d'une chaise curule. Les pieds simulent des consoles à têtes et à griffes de lion. Le dossier, en forme d'arc en double cintre, est appuyé sur quatre montants à boule qui soutiennent des panneaux dont les ornements sont à jour. Ce dossier n'est plus du même style que le siège lui-même. Il doit y avoir été ajouté par l'abbé Suger qui, sous Louis le Jeune, rebâtit l'église de Saint-Denis et l'enrichit de superbes monuments. En même temps qu'il faisait construire ce fameux fauteuil, si populaire en France, Dagobert faisait enlever les portes de bronze de la basilique de Poitiers pour les placer à Saint-Denis, son église de prédilection.

Après l'anarchie qui suivit le règne de ce roi, ce fut Charlemagne qui ramena les arts en France en faisant venir de Constantinople les artistes chassés par les iconoclastes, pour décorer ses palais et son église d'Aix-la-Chapelle. Il avait commandé quatre tables, une d'or et trois d'argent, ces dernières représentant des plans cavaliers de Rome, de Constantinople et d'autres villes. Une partie de ces pièces d'orfèvrerie est répartie entre le trésor impérial de Vienne et le Louvre. L'atelier artistique qu'il avait fondé se développa en Lotharingie où une légion de fondeurs en bronze, d'orfèvres, de sculpteurs sur cuivre et d'architectes, préparèrent les grands chefs-d'œuvre que devaient produire le douzième et le treizième siècle. La basilique d'Aix-la-Chapelle conserve un riche revêtement de chaire en orfèvrerie incrustée d'émaux et de pierreries, qui aurait été offert par Charlemagne, et plusieurs grands bronzes placés au-dessus des portes et au triforium de l'église.

Au douzième siècle, il se produisit une réaction des corporations laïques contre le monachisme et l'abaissement de l'art roman. Favorisée par le clergé séculier, cette première Renaissance, comme on pourrait l'appeler, produisit, d'abord dans l'Ile de France, puis dans les autres provinces, ces magnifiques cathédrales qu'on a appelées à tort *gothiques*, tandis qu'on pourrait les appeler *nationales*, et qui donnèrent le jour à l'art *ogival*.

Avec cette nouvelle et opulente architecture, la sculpture était appelée à prendre une forme toute nouvelle. On commence à sculpter richement le bois, le bronze ou l'ivoire. On découpe comme des dentelles les pierres ou les stalles des églises, et l'on couvre de riches ornements des coffres, des armoires, des bahuts, soit pour les églises, soit pour les palais, les châteaux ou autres édifices publics ou privés.

Aussi, lorsque l'art italien commença à pénétrer en France à la suite de la guerre de Charles VIII en Italie, il trouva des hommes capables de se l'assimiler promptement. Ce roi en avait ramené des artistes tels que les architectes Fra Giocondo et Barnabè de Cortone, dit le Boccador, et des sculpteurs, entre autres Paganino, qui exécuta le tombeau de Charles VIII à Saint-Denis. Mais c'est surtout sous François Ier que se produit l'invasion de l'art italien, avec Léonard de Vinci, Andrea del Sarto, le Rosso, Primatice et Nicolo de l'Abbata, que le roi chargea de décorer Fontainebleau. Benvenuto Cellini orne de bas-reliefs allégoriques la *Porte dorée* de ce palais. Il exécute pour ce roi galant le magnifique bas-relief en bronze de Diane de Poitiers, la *Nymphe de Fontainebleau*, qui fut placé d'abord au château d'Anet et qui se trouve maintenant au Louvre.

A côté de cette œuvre de statuaire, le même artiste cisèle un grand nombre d'objets d'orfèvrerie, entre autres la fameuse *salière* de François Ier, coupe en lapis-lazzuli, couverte d'ornements en or et en pierres précieuses. On disait alors de cet homme étrange, apte à tout, au bien comme au mal : « En cet homme estoit l'estoffe pour en parfaire deux aultres. »

Vers le milieu du seizième siècle apparaît enfin un vrai Français, *Jean Goujon*, qui sculpte le jubé de Saint-Germain l'Auxerrois avant d'exécuter ses chefs-d'œuvre de grâce et d'élégance tels que les *Nymphes* de la Fontaine des Innocents, la *Diane* du château d'Anet, les cariatides de la salle des gardes et autres sculptures au Louvre. Avec lui la statuaire française était créée et atteignait du premier coup le premier rang. Après lui, Pierre Bontemps et *Germain Pilon* exécutent, sous la direction de Philibert Delorme, les bas-reliefs et les statues du *tombeau de François Ier*, à Saint-Denis.

La sévère et imposante figure du mausolée de *René de Birague*, la *Mise au tombeau*, toutes deux au Louvre, sont dues au ciseau du grand maître de la Renaissance française.

Au Louvre aussi, les trois figures du tombeau du connétable *Anne de Montmorency*, par Barthélemy Prieur, et ce superbe et audacieux *Mercure* d'un autre grand artiste, Jean Bologne, né en 1527 à Douai, qui vécut une grande partie de sa longue carrière en Italie, où il a laissé dans toutes les cités des traces immortelles de son séjour : entre autre à Bologne, la grande fontaine de Neptune, dont la statue colossale pèse plus de dix mille kilogrammes, et pour laquelle on avait versé au sculpteur 70 000 écus d'or.

C'est à Jean Bologne que Cosme de Médicis confia l'exécution de sa statue équestre, que l'on peut admirer sur la place della Signoria de Florence, côte à côte avec le *Persée* de Benvenuto Cellini. Ce fut un élève de

Statue équestre en bronze de Cosme de Médicis, de Jean Bologne
Place *Della Signoria* (Florence).

Jean de Bologne, *Francheville*, qui exécuta les reliefs de *la statue d'Henri IV*, au pont Neuf, dont nous reparlerons plus loin.

Les œuvres de bronze de la Renaissance et celles de l'époque qui lui succéda, que l'on est convenu d'appeler

Le *Mercure* de Jean Bologne. (Bronze du Louvre.)

encore époque moderne, sont nombreuses et témoignent toutes d'un art accompli. Exemple cette superbe et gracieuse *Diane* de Houdon, qui est au Louvre, l'*Apollon* du même artiste, des bustes, comme ceux de Rousseau et de Voltaire, pleins de vérité et de vie. L'*Apollon* et la *Diane*, entre autres, peuvent être comparés aux plus pures productions de l'art antique.

A Versailles, pour ne parler que des statues de bronze qui se rattachent à notre sujet, on peut admirer : dans la cour d'honneur, la *Statue équestre de Louis XIV*, dont le cheval est de Cartellier et la figure de Petitot ; sur le grand escalier, quatre figures de bronze : un *Silène*, un *Antinoüs*, un *Apollon* et un *Bacchus*, exécutés et fondus par les frères Keller. C'est à eux aussi qu'on doit, à la fontaine du Point-du-Jour, les groupes suivants d'animaux en bronze : *Deux lions combattant un sanglier*, et *Un loup, un ours et un tigre, Un cerf et un chien.* Au bassin de Latone, les grenouilles, lézards, tortues, etc., ont été fondus par les frères Marsy.

Au bassin d'Apollon, l'*Apollon* avec son quadrige entouré de tritons et de dauphins est généralement connu sous le nom du *Char embourbé*. Il est en plomb, et a été coulé par Tuby.

Au bassin de Neptune on admire cinq groupes en bronze : *Neptune et Amphytrite*, l'*Océan*, *Protée* gardant les troupeaux de Neptune, et deux *dragons* montés par Cupidon.

Les salles incomparables de notre Musée du Louvre renferment aussi de nombreux bronzes, reproduisant pour la plupart, en dehors de nos bronzes nationaux et des bronzes antiques dont nous parlerons plus loin, les reproductions des chefs-d'œuvre les plus célèbres des collections étrangères.

Parcourez les grandes galeries du rez-de-chaussée, et vous y rencontrerez entre autres : le *Tireur d'épine*, copie du bronze antique du Capitole, fondu à la fin du XVIe siècle, l'*Apollon* du Vatican, la *Diane à la biche*, *les Centaures* du Capitole, la *Vénus de Médicis*, la *Vénus de Cnide* du Vatican, le *Mercure* de Florence, l'*Ariane*, l'*Amazone*, le *Commode* en Hercule, le *Laocoon*, tous au Vatican, dont les moulages sont pour beaucoup du Primatice, et la fonte des frères Keller. N'oublions point le célèbre *Arrotino* de Florence, que l'on prend à volonté pour un rémouleur ou pour un espion. Les uns ont même prétendu que la célèbre statue accroupie représentait l'esclave qui découvrit la conspiration des fils du premier Brutus pour rétablir les Tarquins; d'autres, que c'était l'esclave qui découvrit la conspiration de Catilina. Autour de la salle sont les bustes d'*Adrien*, de *Néron*, de *Poppée*, aux yeux vides, jadis étincelants avec leur prunelle d'émail et de pierres précieuses.

IX

LE BRONZE DANS L'AMEUBLEMENT

Les grandes traditions des siècles précédents tendirent, au dix-huitième siècle, à se rétrécir, mais pour pénétrer de plus en plus dans la vie de tous les jours et pour y prendre la part la plus intime. C'est ainsi que le bronze devint alors la principale ornementation du meuble.

Longtemps l'art du meuble s'était développé en France en dehors de toute influence extérieure et avec une originalité qui permettait de la classer géographiquement et par provinces. Ce n'est guère que vers le milieu du dix-huitième siècle qu'on commença à pratiquer en France l'art de la marqueterie et de l'incrustation en cuivre. On rencontre sous Louis XIII quelques pièces de marqueterie telles que des *cabinets* dont les panneaux sont revêtus d'une marqueterie d'écaille profilée de cuivre et ornés de pierres encastrées. L'un d'eux figure au musée de Cluny sous le titre de *Bureau du maréchal de Créqui*. Des sculpteurs italiens, Philippe Caffieri et Domenico Cucci, importèrent en France l'art de fondre et de ciseler le cuivre.

C'est d'après les gravures d'Abraham Bosse que nous connaissons tous les détails concernant les costumes et l'ameublement à l'époque de Louis XIII. On y reconnaît l'influence flamande qui devait se modifier plus tard et devenir franchement française avec les Boule, les Cressent et les Riesener. Les plus grandes richesses de cette époque se trouvaient réunies au château de Vaux, chez le fameux surintendant Nicolas Fouquet, qui paya si cher son orgueilleuse devise : *Quo non ascendam!* Les artistes qu'il employait à la décoration de son palais n'étaient autres que les sculpteurs Michel Auguier, Nicolas Legendre, Puget et Lepaultre, et les peintres Lebrun, Poussin, Lallemand et Baudoin Yvart. L'établissement des Gobelins n'était que le développement de la création artistique du surintendant.

Parmi ceux qui travaillaient aux galeries du Louvre se trouvait André Charles *Boule*, le plus célèbre des ébénistes du règne de Louis XIV, né le 11 novembre 1642. Il était de la famille de Jean Boule et de Pierre Boule et suivait les traditions de cette dynastie de savants ornemanistes. Par brevet royal, Boule avait reçu le titre de premier ébéniste de la maison royale, avec les qualifications d'architecte, de graveur et de sculpteur. Ce fut lui qui, le premier, appliqua le bronze, et surtout le bronze doré, à la confection des meubles ornés de cuivre ciselé.

Il avait exécuté la plupart des pièces du logement du dauphin, qui était alors la merveille artistique de Versailles, et que le roi s'empressait de montrer aux ambassadeurs ou aux princes qu'il recevait.

Modeleur habile, — écrit M. de Champeaux dans son beau livre *le Meuble*[1], — Boule appliquait sur ses meubles des bronzes dorés dont l'expression large et spirituelle rappelait les beaux ouvrages de Coysevox, de Girardon, de Coustou, et de cette école de sculpture que développèrent les grands travaux entrepris par Louis XIV pour la décoration des résidences royales.

1. A. de Champeaux. *Le Meuble. Bibliothèque de l'Enseignement des Beaux-Arts.* — Quantin, éditeur.

Les ornements se détachaient sur un fond de marqueterie d'écaille noire incrustée d'arabesques de cuivre, dont la finesse et l'originalité ne seront sans doute jamais surpassées. La composition est si habilement pondérée que la grâce des détails ne vient jamais distraire de l'harmonie des lignes générales. Chaque meuble de Boule présente une forme architectonique dont chacune des parties se fait respectivement valoir. Ses fils l'imitèrent pendant de longues années après sa mort, et après eux, vers le commencement du règne de Louis XVI, « le Boule » revint à la mode et fait encore aujourd'hui le plus riche ornement de nos demeures. Le garde-meuble de la place de la Concorde en possède une riche collection, ainsi que la collection des meubles incrustés du musée du Louvre. Enfin l'ameublement actuel de la galerie d'Apollon se compose d'une réunion d'ouvrages de Boule pris au hasard. On y rencontre les différentes formes qu'il suivait dans ses ateliers, comprenant des armoires basses à trois vantaux avec les représentations des saisons sur leur partie pleine; d'autres à deux volets décorés de figures allégoriques et d'enfants portant des attributs; des cabinets veufs de leurs consoles à doubles ou à triples pilastres, sur lesquels est placée, entre une double rangée de tiroirs, *la statue pédestre de Louis XIV* en costume héroïque et tenant la massue avec laquelle il a terrassé ses ennemis; ailleurs enfin, le médaillon du roi, disposé au milieu de trophées, surmonte un panneau rectangulaire décoré de marqueterie de bois ou d'incrustations de cuivre ou d'étain sur fond d'ébène. Les bas-reliefs, imités des compositions de Desjardins et de Coysevox, sont d'une ciselure largement exécutée, très voisine des beaux ornements de Domenico Cucci.

Comme modeleur, fondeur et ciseleur de bronzes, Boule a produit une quantité considérable de lustres, de flambeaux, de cartels, de torchères, de miroirs, de reproductions de statues antiques, etc.

Boule avait créé ainsi une véritable école dont le style s'imposa et qui fit le talent et la fortune des Pierre Poitou, Jacques Sommer, Jean Normant et Jean Oppenhard.

Un autre sculpteur pour meubles, des plus célèbres, fut Philippe *Caffieri*, que le cardinal Mazarin avait appelé de Rome et qui travaillait dans l'enclos des Gobelins pour la cour de Louis XIV. Il reçut en 1665 des lettres de naturalisation qui permettent de le classer parmi nos artistes nationaux. Les portes sculptées par Caffieri à Versailles, ouvrant sur l'escalier des Ambassadeurs, dont il ne reste que quelques panneaux, sont un des spécimens les plus purs de l'art décoratif français. Dans sa fonderie il exécutait des serrures, des verrous, et les ciselait avec une adresse incomparable.

Antoine Lepautre, architecte des bâtiments du roi, exerça plus d'influence sur les ornemanistes de son temps par ses gravures que par ses travaux d'architecture. C'était encore le style du grand règne. Mais, avec de Cotte, le mobilier se transforme. Il devient plus léger et moins solennel. *De Cotte* fut un des artistes les plus féconds de l'école française.

A l'époque de la Régence, ce fut *Charles Cressant* qui devint le premier ébéniste de la maison du duc d'Orléans. Petit-fils d'un ébéniste et fils d'un sculpteur, il s'assimila de bonne heure ces deux arts. Ses ouvrages se distinguent par un grand style. Il exécuta entre autres un *Buste de bronze* représentant le duc d'Orléans, fils du Régent, mort en 752 à l'abbaye Sainte-Geneviève. Cette sculpture, qui n'a jamais cessé de figurer dans la bibliothèque de cette église, avait été commandée pour perpétuer le souvenir pu legs, fait à l'abbaye, du cabinet de pierres gravées adpartenant au prince. La famille d'Orléans échangea ces pierres contre une collection de médailles renfermées dans une armoire à deux corps et ornée de bronzes dorés que surmontait le buste de Cressant. Ce meuble est conservé actuellement au Cabinet des médailles.

Dès 1724, il répara un *Jupiter* en bronze, modelé par Girardon, et un *Mars* de l'un des frères Anguier. Plus tard il exécuta douze grands médaillons d'empereurs romains fondus en bronze et entourés de bordures d'ébène. Les ornements de cuivre tiennent la place la plus importante dans les meubles de Cressant et même l'ébénisterie n'y joue qu'un rôle accessoire destiné à faire ressortir la richesse et l'élégance de ses bronzes. Rien ne surpasse, au point de vue technique, la perfection de ces meubles aux courbes larges et savantes. Cressant a été l'un des premiers à mettre en vogue les commodes dites à la Régence, à la Charolais, à la Havant, à la Dauphin.

Plusieurs de ses œuvres ont été décrites par lui-même, entre autres une *commode* de la collection de Selle, dont il dit : « C'était une commode d'un contour agréable, de bois de violette, garnie de quatre tiroirs et ornée de bronzes dorés, d'or moulu. Cette commode est un ouvrage (quant aux bronzes) d'une richesse extraordinaire; ils sont très bien réparés et la distribution bien entendue : on voit, entre autres pièces, le buste d'une femme représentant une espagnolette qui se trouve placée sur une partie dormante entre les quatre tiroirs; deux dragons dont les queues relevées en bosse servent de mains aux deux tiroirs d'en bas; on peut dire que cette commode est une véritable pièce curieuse. » On peut en dire autant de ce morceau de description littéraire, en même temps emphatique et parfaitement exact et dans lequel on sent la main du maître.

Les consoles et les tables sculptées du règne de Louis XV succèdent avec succès à celles du règne précédent. On en doit les meilleurs exemplaires à *Boucher* qui, pendant près d'un quart de siècle fournit les manufactures de Beauvais et des Gobelins de cartons destinés à être traduits en tapisseries, mais qui prêtent à la sculpture un style baroque et maniéré. Après lui, la famille Martin, du faubourg du Temple, chercha à imiter les laques de Chine : les Martins devinrent de grands peintres vernisseurs. Leurs meubles étaient le plus souvent ornés d'appliques de bronze qui en rehaussaient les surfaces polies.

L'un des plus célèbres ébénistes de l'époque de Louis XV fut Jean Henri Riesener, né à Cologne, mais venu jeune à Paris. Il fut ébéniste du roi. « On ne saurait, — dit M. de Champeaux, — rencontrer de faute de goût dans aucun de ses meubles dont les lignes, toujours étudiées, sont complétées par des sujets en marqueterie d'une très grande finesse et par des bronzes de la délicatesse la plus achevée. » Il était doué d'un véritable génie créateur et les principes du dessin lui étaient certainement familiers. On ne saurait lui reprocher, vers la fin de sa carrière, qu'un penchant pour les formes grêles et trop étudiées; mais, à ce moment même, cette légère tendance est rachetée par l'originalité et la belle composition de ses bronzes.

Il accomplit des travaux importants pour l'ameublement de Versailles, dans lesquels on remarque d'admirables bronzes à guirlandes et à nœuds de rubans ciselés avec le goût le plus parfait. Il a produit presque autant d'œuvres que Boule. Beaucoup de ses plus beaux meubles sont à l'étranger, mais il en reste au musée du Louvre, au palais de Fontainebleau et dans les collections particulières, un assez grand nombre pour servir de modèles aux ornemanistes modernes.

Pour donner une idée du mérite que les connaisseurs donnent à l'œuvre de Riesener, rappelons que, lorsqu'il y a deux ans, on mit en vente les raretés de toute sorte que renfermait la résidence d'Hamilton Palace, en Écosse, ce sont les œuvres de l'ameublement français qui ont le plus excité l'enthousiasme des curieux et, parmi elles, les meubles de Riesener ont atteint des prix inouïs. Ces meubles, destinés au Palais de Saint-Cloud, étaient les derniers travaux de Riesener. Ce qui leur donne une valeur exceptionnelle, c'est l'exécution merveilleuse des bronzes qui les décorent. Ce sont des bouquets, des couronnes de fleurs, des rubans, des guirlandes d'une végétation luxuriante et ciselés à la perfection.

X

LE BRONZE CONTEMPORAIN

A notre époque, l'art du bronze a pris, par les améliorations des procédés de fonte, une telle extension, qu'on peut le comparer, autant pour les procédés industriels eux-mêmes que pour les conceptions artistiques, à tout ce qui a été exécuté sous la Renaissance.

Nombreux sont les artistes qui font couler en bronze leurs œuvres préférées. Entrez au Louvre, vous y trouverez ce superbe *Mercure rattachant sa talonnière,* ou encore le *Jeune pêcheur napolitain,* deux bronzes de Rude; le Louvre vous montre, debout, à l'une de ses portes, le fameux *Lion assis*; le jardin des Tuileries, le chef-d'œuvre du grand animalier, le *Lion au serpent,* deux bronzes encore. Sur la place de l'Observatoire, se dresse la grandiose fontaine de Carpeaux, avec son groupe central, si vivant, représentant les *Quatre nations* portant le monde, et entraînées avec lui dans son mouvement. Barye, Carpeaux, Rude, trois grands artistes, aujourd'hui entrés dans la postérité, et qui sont la gloire de notre siècle.

Barye, comme ses illustres devanciers, comme Donatello, comme Benvenuto Cellini, commença par être orfèvre. Est-ce à cela qu'il doit cet amour du métal qui lui fait choisir exclusivement le bronze pour la représentation artistique de ses œuvres? Qu'il modèle un tigre, un lion ou une gazelle, la statue équestre de Napoléon Ier ou le projet de couronnement de l'arc de triomphe, ce sera toujours au bronze que pensera Barye pour l'interprétation définitive de sa pensée. La liste seule des chefs-d'œuvre qu'il nous a laissés, et dont la plupart sont populaires, est longue et glorieuse. C'est d'abord, dès son début en 1831, son *Tigre dévorant un crocodile*; puis, deux ans plus tard, deux de ses œuvres les plus remarquables, le *Lion Combattant un serpent* et *Charles VI dans la forêt du Mans*. Viennent ensuite, à de courts intervalles, la *Gazelle morte*, le *Jeune lion terrassant un cheval*, la *Panthère dévorant une gazelle*, et, enfin, l'œuvre capitale, le *Lion au serpent* du jardin des Tuileries.

« Regardez ce groupe, écrit cet autre grand artiste, L. Bonnat, dans une magistrale étude sur le grand animalier. Un lion passait, un boa lui barre le passage; la terrible griffe s'abat, et, tandis que le serpent, pris comme dans un étau, se replie sur lui-même, éperdu de douleur, et dans un effort suprême essaye, mourant, de se venger, la puissante bête reste impassible devant son perfide ennemi; à peine si elle daigne détourner sa tête gigantesque et légèrement hérisser sa crinière. Tout au plus oppose-t-elle un sourd grognement aux sifflements désespérés de son ennemi. Mais la griffe travaille, cette griffe merveilleuse, et tout est là. Admirez-la, les poils se sont écartés pour laisser aux ongles, armes terribles, la faculté de pénétrer sans encombre, de jouer dans la charnière, et, tranchants comme des couperets, ils n'ont qu'à se fermer, se replier sur eux-mêmes. Et tout sera dit, le drame sera fini. »

Tout aussi majestueux, tout aussi vivant, est ce magnifique *Lion assis*, que nous représentons ci-contre. Plus de drame comme dans le *Lion au serpent*, le roi des forêts regarde droit devant lui, calme et comme au repos. La grande ligne qui part du museau et va jusqu'à la queue est superbe, et on éprouve en regardant ce beau bronze un sentiment de force tempéré par la beauté.

Que dire du *Jaguar dévorant un lièvre*, qui est au

Le *Lion assis* de Barye. (Porte du Louvre.)

musée du Louvre? « C'est beau comme l'*Esclave* de Michel-Ange, » dit encore M. Bonnat. De sa gueule, le jaguar a saisi le lièvre par les entrailles; la patte droite avance, son ongle déchire le bassin de la victime, et, lentement, aplati, le ventre contre terre, rampant comme un serpent, il va la dévorer dans l'ombre de sa tanière. Déjà il la savoure avec une joie d'une intensité féroce, « avec la volupté gourmande du sang », comme dit Edmond de Goncourt dans sa pénétrante description du jaguar. « Ses oreilles sont collées contre son cou, dont les muscles puissants dénotent la force. Des crispations nerveuses courent tout le long de son échine, jusqu'aux dernières vertèbres de la queue ; les yeux, farouches, terribles, convergent vers le centre et ont la fixité de l'œil d'une vipère. Malheur à qui s'approcherait pour lui ravir sa proie! Il se dégage de ce bronze merveilleux, ainsi conçu et exécuté, une impression de férocité et de sauvagerie extraordinaires. C'est du génie. »

Quel mouvement dans le *Cavalier arabe tuant un lion*, et dans cet admirable groupe de *Charles VI dans la forêt du Mans*, qu'a inspiré à Barye l'anecdote historique connue de tous. Le roi Charles, traversant à peu près seul la forêt du Mans, voit tout à coup un homme à demi nu s'élancer vers lui, saisir la bride de son coursier, et s'écrier : « Roi, ne chevauche pas plus avant! Retourne, tu es trahi! » L'attitude épouvantée du jeune roi, dressé sur sa selle, les bras élevés, l'homme renversé sous les pieds du cheval qui se cabre, font de ce groupe une œuvre incomparable.

C'est par centaines que Barye a produit ses chefs-d'œuvre, mêlant invariablement à ses sujets des animaux, groupés ou isolés, dans les attitudes les plus diverses et les plus osées. Lions, tigres, panthères, jaguars, ours, chiens, chevaux, taureaux, cerfs, ont été traités par le grand artiste avec une science consommée. *Angélique et Roger montés sur l'hippogriffe*, *Thésée combattant le centaure*, le *Cavalier africain surpris par un serpent*, le *Lion dévorant une biche*, le *Singe monté sur une antilope*, le beau *Lion marchant*, tout est à citer dans l'œuvre du grand sculpteur.

En dehors de ses groupes, Barye ne s'attaqua que rarement à la sculpture proprement dite. Le *Napoléon Ier* à cheval qu'il fit pour la ville d'Ajaccio; le *Napoléon III* qui décorait, avant le 4 septembre 1870, la façade du pavillon du Louvre, en face le pont des Saints-Pères, sortent de sa ligne habituelle. Faut-il rappeler, fût-ce seulement par curiosité, son projet de couronnement de l'Arc de triomphe de l'Étoile, qu'il fit sur la demande de M. Thiers, et qui ne fut du reste point mis à exécution? Barye avait imaginé de représenter l'oiseau impérial, pour ainsi dire encore soutenu par le vent, au moment où il va saisir sa proie; cette proie, c'était un monceau de canons, de boulets, les insignes des villes, des provinces, des empires, où s'étaient promenées nos armées. L'aigle colossal que Barye voyait dans son imagination ne mesurait pas moins de 25 mètres d'envergure. La crainte de blesser l'amour-propre des puissances fit renoncer à ce projet, et certainement la gloire de Barye n'y perdit rien.

Terminons cette courte étude sur Barye par le jugement de l'un de ses plus illustres critiques, Théophile Gautier : « Barye ne traite pas les bêtes au seul point de vue zoologique, écrivait le grand artiste, quand il fait un lion, un ours, un éléphant, il ne se contente pas d'être exact et vrai au plus haut degré, il sait que la reproduction de la nature ne constitue pas l'art; il agrandit, il simplifie, il idéalise les animaux et leur donne du style : il a une façon fière, énergique et rude, qui en fait comme le Michel-Ange de la ménagerie. »

A son génie d'artiste, Barye ajoutait encore la patience du praticien, et c'est à cette qualité si rare que nous devons d'avoir des reproductions aussi merveilleuses de ses œuvres. S'agissait-il de faire une réduction de l'un de ses groupes les plus populaires, Barye modelait lui-même la cire, surveillait la fonte, dirigeait la ciselure, en vrai admirateur du métal auquel il confiait le soin d'immortaliser sa pensée d'artiste.

François Rude, l'illustre auteur du puissant haut-relief de l'Arc de triomphe de l'Étoile, était contemporain de Barye. Comme ce dernier il nous a laissé de superbes œuvres en bronze, dans un autre ordre d'idées toutefois. Son *Maréchal Ney* de la place de l'Observatoire, dont nous parlerons plus loin, sa statue couchée de *Godefroy Cavaignac* au cimetière Montmartre, suffiraient à sa renommée. Son *Jeune pêcheur à la tortue*, son *Mercure rattachant sa talonnière*, deux bronzes d'une élégance exquise, sont au Louvre, tout près du *Jeune pêcheur dansant la tarentelle* et du *Jeune danseur napolitain* de Duret, deux bronzes qu'ont popularisés de nombreuses réductions, et de cette admirable série de médaillons des célébrités contemporaines dues au grand David d'Angers. Une particularité peu connue de la jeunesse artistique de Rude : ce fut lui qui modela, en 1807, une partie des armes et des costumes qui décorent le piédestal de la colonne Vendôme.

Le grand sculpteur laissait, en mourant, un élève, Carpeaux, que rendit célèbre son fameux groupe de la *Danse* à l'Opéra. Son *Jeune pêcheur napolitain*, qui est au Louvre, écoutant avec une joie naïve le bruit de la mer au fond d'un coquillage, est un des meilleurs ouvrages en bronze de l'école moderne; l'élève s'y est évidemment inspiré de l'œuvre du maître : le *Jeune pêcheur à la tortue*. Les bustes en bronze de Charles Garnier et de Gérome sont des morceaux de premier ordre. L'œuvre la plus considérable de Carpeaux, est peut-être cette curieuse fontaine de la place de l'Observatoire, dont le groupe central, que nous reproduisons, représente les *Quatre parties du monde* supportant la sphère terrestre, qui les

Le groupe en bronze des quatre parties du monde, de Carpeaux.
(Fontaine de l'Observatoire. Paris.)

entraîne elle-même dans son mouvement. Ce groupe a figuré, pendant toute la durée de l'Exposition Universelle de 1889, au centre du grand salon du palais des Beaux-Arts.

L'art du bronze est du reste puissamment aidé par les fondeurs modernes, dont presque tous sont de véritables et grands artistes. Citerons-nous le nom de Barbedienne, ceux de Thiébaut et de Bingen, qui ont mis leurs signatures, côte à côte avec celles des sculpteurs les plus célèbres, au bas des œuvres qui ornent nos places, nos palais ou simplement nos habitations? Tous ont perfectionné l'art du bronzier et l'ont poussé jusqu'aux limites extrêmes de la vérité et de la souplesse. En dehors des méthodes mêmes de fusion, ils ont perfectionné la ciselure en répudiant l'ancienne manière qui consistait à se servir du rifloir pour tirer en long et adoucir les figures et les draperies, mais en amollissant le travail et en dénaturant le modelé, de sorte que chairs et draperies avaient la même valeur. Aujourd'hui on pétrit, pour ainsi dire, le métal, en conservant le modelé et la souplesse de l'original tel qu'il sort du ciseau de l'artiste.

C'est M. Barbedienne qui, le premier, a employé le décor dit *frotté d'or*, décor chaud qui donne aux figures l'apparence de la vie. C'est grâce à ces nouveaux procédés que l'habile fondeur a pu reproduire en bronze avec un si grand succès les plus beaux chefs-d'œuvre de l'antiquité grecque ou romaine et de la Renaissance. Tels : la *Vénus de Milo*, la *Polymnie*, la *Diane de Gabies*, le *Laocoon*, les figures du *tombeau de Jules II*, de Michel-Ange, les *Trois Grâces* de Germain Pilon, etc. Barbedienne a du reste reproduit presque toutes les œuvres modernes célèbres : le *Chanteur florentin*, de Paul Dubois, la *Jeanne d'Arc*, de Chapu, le *Gloria victis*, et le *David vainqueur de Goliath*, de Mercié. C'est à ce dernier sculpteur qu'on doit l'*Apollon montant le Pégase ailé* et précédé d'une *Victoire*, qui orne la porte principale du Louvre sur le bord de l'eau.

Citons encore le *Louis XIII*, d'après Rude, une merveille de la sculpture moderne; la *Charité* et le *Courage militaire*, de Paul Dubois, la *Clotilde de Surville*, de Gautherin; un *Auguste*, statue imitée de l'antique avec décor frotté d'or; le *Grand Esclave*, de Michel-Ange. Le splendide monument de La Fontaine, dont le buste, élevé sur un socle de marbre de couleurs d'une richesse de tons incomparable, est entouré de reproductions en bronze des principaux animaux qu'il a fait parler dans ses fables, le *lion*, le *renard*, le *corbeau*, les *deux pigeons*; la *Diane* de Falguières, la *Salammbô* d'Idrac, sortent, comme l'*Étienne Marcel* de l'Hôtel de Ville, des ateliers de Thiébault.

A côté de ces œuvres capitales, que nous retrouverons du reste dans notre chapitre des grands bronzes historiques, il faudrait mentionner encore les mille œuvres secondaires dans laquelles le bronze entre comme principal élément de décoration, statuettes, vases, flambeaux, torchères, etc., et nous pouvons dire que l'art contemporain du bronze marche sur les traces de celui qui l'a précédé, aux jours de son incomparable splendeur.

XI

LE BRONZE DANS LES MÉDAILLES ET LES MONNAIES

Un des emplois les plus fréquents du bronze et qui exige autant d'art que la statuaire proprement dite, c'est la numismatique. Nous avons eu déjà l'occasion d'en parler à propos des bronzes et des monnaies romaines. Car à proprement dire, les anciens n'ont connu que la monnaie destinée à la circulation et aux échanges, mais non ce que nous appelons les *médailles*. Il est vrai que, dans les derniers temps de l'empire romain nous avons vu apparaître les *médaillons*, beaucoup plus grands que les monnaies ordinaires et constituant des espèces d'ordres de chevalerie, et les *contorniates*, médaillons plus minces, sortes de jetons représentant des sujets mythologiques, historiques ou héroïques, ou des scènes de théâtre, de cirque, de naumachies ou autres. Mais c'est à l'Italie du quinzième siècle, ainsi qu'à la Renaissance française, que nous devons la véritable *médaille*, existant comme œuvre d'art ou monument commémoratif, indépendamment des espèces monétaires circulantes.

L'art monétaire, qui avait brillé dans l'antiquité au point de vue vraiment esthétique, était retombé en occident, du sixième au treizième siècle, dans l'imitation servile et barbare des anciens modèles de monnaies des Athanase et des Justinien. Les Suèves, les Visigoths, les Vandales, les Ostrogoths, les Burgondes et les Francs, lui imprimèrent tout au plus un caractère particulier, mais fort étranger à toute recherche artistique.

La fabrication des monnaies n'appartenait sans doute qu'aux nombreux et éphémères souverains de ces époques troublées, mais elle avait lieu sans contrôle et sans que le fisc fût garanti contre les fraudes monétaires. C'est ainsi qu'on avait le sou d'or, divisé en moitiés (*semis*) et en tiers (*triens*), puis le denier d'argent dont il fallait quarante pour faire la valeur d'un sou d'or. Quant aux monnaies de cuivre, il est probable que l'immense quantité de petits bronzes romains fabriqués dans tout l'empire, depuis le règne de Gallien, surtout ceux des empereurs des Gaules, comme Posthume et Fabricus, fournit aux rois mérovingiens une quantité assez considérable de menue monnaie pour qu'ils n'eussent pas besoin d'en fabriquer de nouvelle.

A l'avènement des Carlovingiens, Pépin et Charlemagne adoptent des types nouveaux nationaux et chrétiens. Le numéraire de l'empire d'Occident est alors imité partout comme l'avait été celui des Césars romains. Ce ne sont plus les monayers qui signent les pièces de leur fabrication, mais bien des ducs ou comtes qui s'arrogeaient ainsi les prérogatives souveraines. La numismatique féodale présente ainsi une série de types, tels que le type à la croix, à la crosse, au châtel, le *tournois* (de Tours), le *parisis* (de Paris); à l'étranger, on a la *bractéacte* allemande, le *sequin* de Venise, le *florin* de Florence, *l'esterling* d'Angleterre, etc. Mais laissons là les monnaies dont nous n'avons indiqué l'état de décadence que pour faire mieux ressortir la renaissance de la numismatique à l'avènement de la *médaille* proprement dite. Cependant, en imitant les *aurei* des anciens empereurs romains, des graveurs d'Amalfi avaient exécuté les belles *augustales* d'or de Frédéric II, qui ramenaient le type monétaire aux conditions du modelé du bas-relief, lui donnaient plus d'épaisseur et par cela même plus de ressources d'impression. Ils furent ainsi les précurseurs des grands médailleurs italiens du quinzième siècle.

Ce fut en Toscane qu'eut lieu la rénovation de la gravure monétaire, issue des deux facteurs essentiels de la Renaissance : l'inspiration des œuvres antiques et le retour à l'imitation de la nature. C'est en 1439 qu'apparut la plus ancienne médaille vraiment digne de ce nom. Elle représentait l'empereur grec Jean Paléologue, venu en Italie pour assister au concile œcuménique, et était destinée à conserver à la postérité les traits de cet empereur. La médaille est signée dans le champ du revers : Opus Pisani pictoris. Elle était due, en effet, à un peintre Vittorio Pisano, plus connu sous le nom de Pisanello, et qui fut ainsi l'inventeur des médailles iconiques.

C'était tout simplement le portrait que cet artiste venait de créer dans les médailles, c'est-à-dire dans la peinture comme dans la glyptique. Ainsi que le dit M. Fr. Lenormant, dans son beau livre sur les *Monnaies et Médailles* : « C'est la vue des monuments numismatiques de l'antiquité qui a inspiré à Vittorio Pisano la conception de ses médailles. Il a profondément étudié ceux qu'il pouvait avoir à sa disposition. Il leur emprunte la belle forme lenticulaire du flan, l'opposition de la tête du droit avec le type du revers, composé de figures de plus petite dimension, l'esprit et le principe de la composition de ces derniers, toutes choses absolument inconnues au monnayage de son temps... Il y a dans le modelé méplat des têtes exécutées par Pisanello une extrême finesse, une grande légèreté de touche et un sentiment rare de la physionomie du personnage représenté[1]. » Bref, le grand médaillier

1. *Bibl. de l'Enseignement des Beaux-Arts*. Quantin, éditeur.

italien a d'emblée posé les bases d'un genre qu'on n'a pas dépassé.

De même que les monnayers de la Rome républicaine au temps de *l'æs grave*, qui seul, dans l'antiquité, atteignait les proportions des médailles, au lieu d'employer al frappe, Vittorio Pisano a recours à la fonte. Les médailles de la Renaissance ne sont que coulées et non ciselées. Les beaux exemplaires, bien vierges, sont absolument sans retouches après la fonte. Il exécutait les épreuves de ses médailles en bronze et en plomb. Il a eu de nombreux élèves et une quantité d'imitateurs anonymes dont les œuvres ne sont pas moins remarquables au point de vue artistique.

Vers la fin du quinzième siècle, Ambrogio Froppo, dit Caradosso, dérogea le premier aux traditions établies par Pisanello et donna définitivement aux médailles la forme qu'elles ont conservée depuis, en se rapprochant davantage des modèles que fournissaient, dans la série romaine antique, les grands bronzes et les médaillons du même métal. Il leur emprunte le grénetis qui y sert de cadre aux types des deux faces, et la position des revers, qu'il place désormais, conformément à l'usage des Romains, à l'inverse de la tête. Il faut donc retourner la médaille de bas en haut et non plus de droite à gauche pour avoir dans son sens le type du revers. Cette disposition a été adoptée par la plupart de ses successeurs. On doit à Caradosso les médailles des derniers Sforza de Milan et celles des papes Alexandre VI et Jules II. Une de ses médailles, doublement intéressante, reproduit le portrait de Bramante, le premier architecte de Saint-Pierre et, sur le revers, avec une figure allégorique de l'Architecture, la façade de la basilique telle que ce maître l'avait conçue et qu'elle n'a malheureusement pas été exécutée.

Vittore Gambello, de Venise, accentue davantage encore l'imitation des anciennes monnaies romaines, afin de représenter ses contemporains à la suite des grands bronzes et des médaillons romains. Les plus recherchés des sculpteurs en médailles de cette époque sont : Pisanello, Leone Leoni, Jacopo Frezzo, Matteo dei Pasti et Benvenuto Cellini que nous retrouvons dans toutes les branches de la sculpture.

Cosme de Médicis.

Pastorino de Sienne nous a légué dans ses médailles toute une galerie de portraits des plus belles femmes de l'Italie. C'est la plus charmante collection de têtes, de coiffures et d'ajustements de corsages qu'on puisse voir. Telles ces deux médailles d'Isotta degli Atti et de Caterina Sforza que nous reproduisons ci-contre. Cosme de Médicis et Vittorio di Feltre nous offrent également deux des plus riches spécimens des œuvres sorties des mains des grands médailliers de la Renaissance.

Isotta degli Atti.

Pendant la seconde moitié du seizième siècle, on en revint à la frappe des médailles, qui permettait, mieux que la fonte, de fabriquer des pièces d'un plus grand module et d'un plus fort relief, ainsi que d'en multiplier les exemplaires presque à l'infini et d'une façon toute mécanique, ce qui finit par confondre de nouveau l'exécution des médailles avec celle des monnaies.

Si les monnaies y gagnèrent, les médailles y perdirent. La gravure des coins devenant un art purement officiel, froid et sans vie, amena une prompte décadence. L'Italie laisse désormais échapper le sceptre de cet art, et c'est la Renaissance française qui se charge de le relever.

Au lieu de s'en tenir, comme l'Italie, à la médaille exclusivement iconographique, notre pays offre le premier exemple d'une médaille commémorative. En 1451, lorsque la prise de Bordeaux eut achevé l'expulsion des Anglais du sol français, un patriote, qu'on croit être Jacques Cœur, fit frapper, à cette occasion, une série de médailles qui ne se distinguaient des monnaies que par leur dimension et leur épaisseur. On y voyait d'un côté l'écu de France timbré d'une couronne royale; de l'autre, avec la lettre *K*, initiale du roi *Karolus*, cette double légende :

Quand je fu faict sans diférance,
Au prudent roy, ami de Dieu,
On obéissait partout en France,
Fors à Calais, qui est fort lieu.

Le revers représentait une croix fleuronnée, cantonnée de quatre fleurs de lis couronnées, et contenue dans un encadrement gothique; devant chaque croisillon une banderolle accompagnée d'une couronne porte la devise : *Désiré suis*. Et la double légende :

D'or fin suis extraict de ducas
Et fus fait pesant VIII caras,
En l'an que verrés moi tournant
Les lettres de nombre prenant.

Une autre médaille commémorative de cet événement reproduit la figure de Louis XI. Elle était encore exécutée par un italien, Francesco Lauruna, qui résidait à la cour du roi René.

Louis XII, le premier, introduisit sur les monnaies l'effigie royale, et depuis lors la *teste* du roi fit donner le nom de *testons* aux espèces d'argent qui présentaient le buste des souverains.

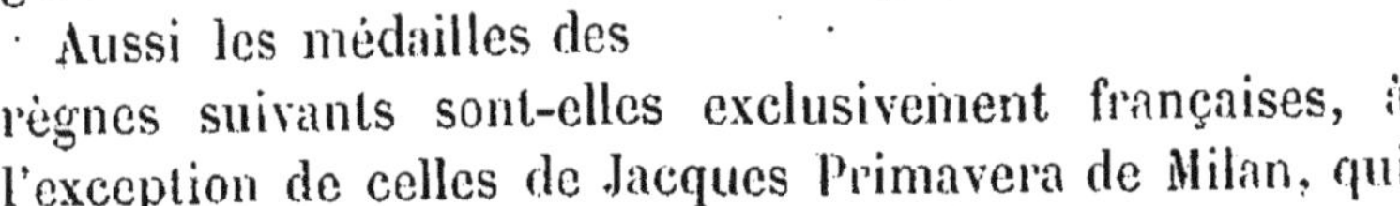

Caterina Sforza.

François Ier commanda à Benvenuto Cellini sa médaille officielle, mais devant la résistance des généraux-maîtres des monnaies et des graveurs nationaux, il dut renoncer à avoir recours à des étrangers.

Aussi les médailles des règnes suivants sont-elles exclusivement françaises, à l'exception de celles de Jacques Primavera de Milan, qui d'ailleurs n'a travaillé qu'en France et a exercé par son talent une heureuse influence sur les artistes contemporains.

Vittorio di Feltre.

On attribue à Germain Pilon quelques-unes des médailles anonymes de la seconde moitié du seizième siècle, entre autres de grands médaillons de Henri II, Catherine de Médicis, Charles IX et Henri III. Sous Henri IV, apparaît le plus grand des médailleurs français, Guillaume Dupré, qui reprend et continue, par une longue suite d'œuvres admirables, la tradition des médaillons de bronze coulés de l'Italie.

Nommé contrôleur général des poinçons en effigie pour les monnaies, il nous a laissé en outre dans ses médaillons une galerie iconographique de son temps dont la beauté et l'intérêt égalent ceux des œuvres analogues de la Renaissance italienne. Il coulait lui-même ses médailles et en arrivait à une netteté d'exécution si grande que parfois, en les examinant, on se prend à douter si elles ne sortent pas plutôt de dessous le balancier du monnayeur que de l'étrier du fondeur.

Au seizième siècle, on avait inventé en Allemagne les machines à frapper les médailles et monnaies. Henri II envoya un mécanicien français, Aubin Olivier, de l'autre côté du Rhin, pour étudier ces engins et les rapporter en France. Il en résulta l'établissement d'un atelier de fabrication mécanique dans le *Logis des Étuves*. Mais sur la réclamation des monnayeurs officiels et privilégiés contre ce qu'ils appelaient la *monnaie au moulin*, il leur rendit le droit de frapper seuls les monnaies et se réserva les médailles.

Après Guillaume Dupré, Warin, de Sedan, fut le plus grand médailleur et graveur en monnaies du dix-septième siècle. Il perfectionna l'ancien moulin et présida à la refonte des monnaies d'or et d'argent. Il y eut depuis deux fabriques : la « monnaie des médailles » et la « monnaie des espèces ». A la fin du dix-septième siècle, on entreprit la suite des médailles historiques du règne de Louis XIV, la plus vaste conception qu'un gouvernement quelconque ait réalisée pour éterniser le souvenir des événements. Ce fut cette entreprise qui donna naissance à l'*Académie des Inscriptions*, laquelle eut pour mission d'en composer les légendes et de fournir les lumières de l'érudition pour la composition des types.

Alors apparut la dynastie des Roettiers, quatre graveurs

généraux, d'origine flamande, qui dirigèrent la frappe dés monnaies de 1682 à 1772.

La Révolution ferma la monnaie des médailles, mais elle exécuta, sur les indications du peintre Louis David, la gravure de ses espèces en nommant graveur général Augustin Dupré. Puis Napoléon rétablit l'atelier des médailles et le fit transférer des galeries du Louvre dans les bâtiments de l'Hôtel des monnaies, où il se trouve encore aujourd'hui.

De nos jours on frappe une grande quantité de médailles pour commémorer les grands événements, et conserver le souvenir des travaux publics importants. En outre, les sociétés académiques et commerciales, les particuliers eux-mêmes, en commandent aux ateliers de l'État. Mais cet art n'a pas retrouvé l'éclat qu'il avait eu au dix-septième siècle.

Depuis 1789, on a frappé nombre de médailles. Celles de la première révolution et de 1848 forment des séries considérables. Mais en retournant aux médailles frappées, on a porté un coup funeste, presque mortel, aux médailles artistiques.

Ajoutons que l'une des dernières belles monnaies est la fameuse pièce de cinq francs, dite à l'*Hercule*, due à Augustin Dupré, la meilleure production qui ait apparue depuis un siècle dans la série des médailles monétaires

La Renaissance ne pouvait manquer d'avoir son écho du côté de l'Allemagne, où elle ne tarda pas à produire des chefs-d'œuvre de divers genres. Dans le domaine de l'art numismatique, les artistes allemands du seizième siècle se sont véritablement distingués. Malheureusement les collections sont rares en objet de cette nature et la plupart des médailles allemandes sont restées anonymes.

On y distingue cependant deux grandes écoles. D'abord

l'Allemagne a emprunté à l'Italie l'usage des médailles coulées. Au début du seizième siècle et sous l'empereur Maximilien, un nommé Peter Fischer, qui avait séjourné quelques années en Italie pour se perfectionner dans les arts, avait naturalisé l'art du médailleur sur le sol germanique. Cet art y florit pendant plus d'un siècle en exprimant un caractère original et d'un accent qui coïncide parfaitement avec celui des peintres ou des sculpteurs de ce pays. Avec la même patience et la délicatesse qu'ils apportaient au travail du bois ou du calcaire lithographique, les sculpteurs allemands exécutèrent des bas-reliefs d'une finesse de camée. Sous ce rapport leurs médailles ne sont pas moins remarquables. Quelques-unes, d'un petit module, sont de véritables merveilles. Dans les grands médaillons de femmes, les ajustements et les chapeaux à larges bords sont d'une haute élégance.

Néanmoins ce ne sont pas des chercheurs d'idéal, pas plus dans cette branche de l'art que dans les autres. Mais ce sont d'admirables copistes de la nature et leur réalisme, quoique naïf, ne tombe cependant pas dans la trivialité.

Aussi excellèrent-ils dans le portrait monétaire, et s'ils n'y apportent, ni la noblesse des Italiens du quinzième siècle, ni la distinction des Français du dix-septième, leurs effigies se recommandent par un accent saisissant de vérité et par l'expression naturelle des physionomies.

L'un des plus célèbres est Henri Reitz, orfèvre à Leipzig, qui travailla surtout pour les électeurs de Saxe et chez qui l'on reconnaît l'influence de Lucas Cranach. Un autre, non moins célèbre, est Frédéric Hagenauer, d'Augsbourg. Il était, paraît-il, attaché à la cour de l'empereur Ferdinand Ier, frère de Charles-Quint.

Tous deux exécutèrent un très grand nombre de médailles. Les riches particuliers du pays s'adressaient à eux pour éterniser leur portrait sous cette forme. D'autres, tels que Hans Masslitzer, Wenzel, Albrecht Jammitzel, Johan Schwartz, ont rempli l'Allemagne de leurs œuvres, mais, comme elles étaient anonymes, on ne sait guère auquel d'entre eux les attribuer. Un seul, C. Kold, faisait exception en signant ses œuvres.

Celles de ces médailles qui sont coulées ont, en général, été délicatement et minutieusement ciselées après la fonte. Quelques-unes sont émaillées, ce qui ne s'est fait ni en Italie, ni ailleurs. Mais une partie de ces médailles sont frappées et l'ont été bien avant qu'on adoptât cette méthode en Italie ou en France.

Telle fut l'époque florissante de l'art du médailleur en Allemagne. Mais à dater de la guerre de Trente ans, cette branche de l'art du bronze ne tarda pas à retomber dans la décadence.

XII

LES INDUSTRIES ACCESSOIRES. — LA DORURE DU BRONZE. — LA GALVANOPLASTIE

A côté du bronze, et faisant corps avec lui, diverses autres industries, des arts eux-mêmes aujourd'hui, se sont installés, dont quelques-uns du reste datent de toute antiquité. La dorure des statues, par exemple, se rencontre dès les époques les plus reculées. Le colossal Néron qui gardait la porte du Colysée de Rome était, nous racontent les historiens, recouvert d'une dorure étincelante. Dorée également était, aux jours de sa splendeur, la statue de Marc-Aurèle au Capitole, et cent autres encore que l'on peut admirer dans les musées, dont plusieurs, longtemps enfouies sous la terre, ont conservé leur robe éblouissante.

Une curieuse statistique monumentale de la Rome antique constate qu'il existait à Rome, en dehors des trois mille sept cent quatre-vingt-cinq statues de bronze d'empereurs et de généraux, quatre-vingts statues colossales en bronze doré ou en or. Telle la statue trouvée en 1864 dans les fondations d'une construction nouvelle au palais Pio, sur l'ancien emplacement du temple de Vénus Victrix et du théâtre de Pompée : elle gisait à huit mètres de profondeur, dans une espèce de fosse entourée d'un mur et sous de larges dalles formant au-dessus d'elle un plafond. Cette statue qui figure maintenant parmi les plus précieux monuments du Vatican, représente Hercule jeune, tenant de la main droite sa massue, et dans la gauche, la pomme des Hespérides; au bras gauche est suspendue la peau du lion.

Dorée était l'immense robe de bronze de la statue chryséléphantine qui portait la colossale tête diadémée de la Lucile du Louvre. On peut voir dans la salle des bronzes antiques du Louvre un Apollon doré trouvé en 1823 près des ruines du théâtre romain de Villebonne. Doré est le génie populaire de la Liberté qui couronne la Colonne de la place de la Bastille.

On dore relativement peu les statues aujourd'hui. Seuls les petits bronzes, les bronzes industriels, reçoivent une couche de dorure qui rehaussera leur éclat et leur permettra de s'allier aux multiples couleurs des marbres qui les accompagnent. Les méthodes des anciens étaient fort primitives: nous possédons par contre à notre service l'appui merveilleux des procédés chimiques modernes.

Lorsqu'il s'agit de dorer un bronze au point de vue manufacturier, pendules, statuettes, chenets, lustres, girandoles, etc., on est d'abord obligé de soumettre les pièces au feu pour brûler les corps gras qui peuvent s'y être attachés pendant la fabrication. Dès qu'elles ont atteint la couleur rouge sombre vue dans l'obscurité, on les retire du feu à l'aide de grandes pincettes de fer et on les dépose sur les briques du fourneau dans un endroit où on peut les laisser refroidir. Ceci fait, on les plonge dans un bain acide, puis on les rince et on les sèche dans une caisse remplie de sciure de bois blanc non résineux. C'est ce qu'on appelle le *déroché*.

Les pièces sont ensuite soumises à l'action de vieilles eaux-fortes, avec un peu de sel marin et de suie. On les agite dans ce bain jusqu'à ce que toute trace d'oxydation ait disparu. Elles sont alors plongées dans le *bain brillant* composé de :

Acide azotique	1250	grammes
Acide sulfurique	3000	—
Sel marin	50	—

Ou au *bain mat* ainsi composé :

Acide azotique	2600	grammes
Acide sulfurique	1800	—
Sel marin	50	—

Les pièces sont vivement plongées dans l'un de ces deux bains, puis dans deux ou trois autres, afin d'éliminer entièrement l'acide qui les ternirait s'il restait à la surface. On les sèche dans la sciure de bois et on les porte dans l'atelier de dorure pour les soumettre à diverses opérations préparatoires avant d'entrer dans le grand bain de cyanure double de potassium et d'or.

Le bain de préparation qu'elles subissent alors se compose de :

Eau de pluie	30	litres
Potasse caustique	1000	grammes
Bicarbonate de potasse	500	—
Bioxalate de potasse	500	—
Liquide puisé dans le grand bain	1	litre

Ce bain prédispose les surfaces à recevoir et à retenir avec adhérence la couche de métal précieux qu'elles recevront ensuite dans le grand bain. Les surfaces acquièrent en même temps un plus haut degré de conductibilité. Enfin on suspend le paquet de pièces séparées et maintenues par des crochets en laiton sur la tringle qui communique au dernier zinc d'une batterie composée de deux à trois couples de Bunsen, et quelquefois plus, suivant la capacité de la cuve à décomposition, le nombre des pièces et la surface de la lame d'or.

Le grand bain d'or auquel elles vont être soumises se compose, étant donnés 300 litres, de $300 \times 12 = 3600$ grammes d'or et $3600 \times 3 = 10800$ grammes, soit de 3 kil. 600 de cyanure d'or, et 10 kil. 800 de cyanure de potassium. On fait dissoudre, dans de grandes capsules de porcelaine, d'abord 2 kilogrammes de cyanure de potassium dans 12 litres d'eau et, dans cette dissolution, la quantité de sel d'or correspondante. On vide le produit dans la cuve à décomposition sur une centaine de litres d'eau, et on continue jusqu'à épuisement des cyanures.

Quant à l'anode (lame d'or soluble), elle se compose d'un ruban de ce métal de 8 à 10 centimètres de largeur, 2 millimètres d'épaisseur et de la longueur de l'intérieur de la cuve. Elle est suspendue par des crochets en platine sur une tringle en cuivre qui porte à une de ses extrémités une presse à vis pour recevoir le pôle charbon de la pile, de même que celle qui porte les pièces à dorer viendra recevoir par le même moyen le pôle zinc.

Pendant ce temps, on remue de temps à autre les pièces dans le bain afin de rendre la dorure égale. Puis une fois suffisamment dorées, on les replonge dans le bain de préparation, puis dans l'eau chaude et enfin dans la sciure de bois. De l'atelier de dorure, les pièces passent dans celui de gratte-boëssage où la dorure est avivée à l'aide d'instruments composés d'une petite botte de fil de laiton récroui, simulant un pinceau à ses deux extrémités.

Pour les grandes figures de bronze et autres pièces au mat, on se sert d'un bain ainsi composé :

Cyanure de potassium.	900 grammes
— d'or.	150 —
— de mercure.	150 —
Eau pure.	24 à 25 litres

Quant à l'argenture des bronzes, candélabres, couverts de table, pièces d'orfèvrerie telle qu'elle se pratique dans nos grands ateliers industriels, les procédés sont analogues. Il n'y a que le bain qui diffère.

Quelques mots rapides sur la galvanoplastie, qui, comme l'on sait, est l'art de reproduire exactement un objet déterminé à l'aide d'un dépôt métallique obtenu galvaniquement. La galvanoplastie est avant tout un procédé de reproduction, mais il a tant de points de contact avec l'art industriel du bronze, qu'il nous est impossible de le passer sous silence.

Le bain dans lequel on plonge l'objet qu'il s'agit de reproduire est formé par la dissolution d'un sel simple de cuivre, le *sulfate*, dans une eau acidulée par l'acide sulfurique. Cette acidulation a pour but de favoriser la dissolution du sel et d'éviter des décompositions partielles.

Pour exécuter ces reproductions, on se sert de moules de diverse nature, suivant les objets à reproduire. Ainsi on a recours au plâtre, à la cire, à la stéarine, à la glu marine, à la gélatine, à la gutta-percha, au métal de Darcet, etc. Autrefois on était obligé de diviser les objets à reproduire en divers morceaux qu'on devait ensuite réunir au moyen de la soudure ou d'autres procédés.

Mais aujourd'hui, grâce au procédé Lenoir, on peut reproduire en bloc des objets ayant les formes les plus tourmentées. A cet effet, on exécute d'abord un moule en gutta-percha donnant exactement l'empreinte en creux de l'objet, ensuite on construit un noyau en fil de platine, que l'on suspend dans le creux du moule, puis on remplit l'espace, entre le noyau et le moule, du bain galvanique. Il ne reste plus alors qu'à faire passer le courant électrique.

Enfin, lorsqu'on retire la pièce du moule, on détruit le noyau et on bouche les petits trous qui ont servi au passage du liquide et des fils conducteurs.

Après la galvanoplastie, signalons encore l'art, le métier plutôt, qui consiste à bronzer les grosses pièces métalliques, pour lesquelles l'emploi du bronze serait d'un prix trop élevé.

Autrefois les statues, les fontaines publiques, les candélabres, les lampadaires, les colonnes commémoratives étaient tous de marbre ou de bronze. Aujourd'hui, les progrès industriels ont permis d'employer à cet usage le zinc, la fonte, le stuc, les moulages en plâtre, etc. Nous n'avons pas à examiner les différents procédés modernes et courants de cuivrage, et la manière dont est imitée la patine du bronze sur la fonte ou le zinc.

On a depuis longtemps cherché également à donner au plâtre l'aspect du bronze. D'abord on se servit, à cet effet, d'un vernis du ton de la patine que l'on voulait imiter, vert pour les antiques, rouge brun foncé pour les bronzes florentins. Aujourd'hui on doit à M. Oudry, le décorateur des monuments publics en fonte de fer de la ville de Paris, une mixtion ou peinture au cuivre qui dépasse du tout au tout l'ancien procédé. L'inventeur se sert de l'excipient suivant :

Huile essentielle.	25	parties en poids
Matière résineuse	25	—
Matière gommeuse	10	—
Huile grasse siccative.	40	—

On y ajoute du verre pilé pour prévenir l'agglomération et faciliter la dissolution des parties, puis une fois le verre disparu par décantation, on ajoute de l'huile grasse et siccative. Après plusieurs opérations sur lesquelles nous n'avons pas à nous étendre, puisqu'il ne s'agit que d'imiter le bronze, on arrive à produire des statues, des groupes, des vases, des casques d'un effet admirable. Les imitations de bronze antique florentin, de vieil argent, de fer, sont tellement réussies qu'on s'y tromperait si l'on n'était pas prévenu.

« Quoique cette nouvelle peinture à base de cuivre, dit M. Oudry, n'ait pas le même aspect que les dépôts de cuivre galvaniques obtenus avec des batteries électriques, elle est moins chère et très supérieure, comme moyen préservatif, à toutes les autres peintures et aux différents vernis couverts de bronze en poudre qui ont si peu de durée. »

On ne se contente point, on le voit, de distribuer partout le bronze, il faut encore l'imiter, chercher à donner à une surface quelconque l'éclat et le poli du métal précieux qui fut notre premier palladium dans nos luttes contre l'existence. De ce besoin d'imiter le bronze est née toute une industrie nouvelle : l'industrie dite des fontes d'art, dont les milliers et les centaines de milliers d'exemplaires vont populariser sur les cheminées et sur les pendules de tous les pays, les chefs-d'œuvre de la statuaire antique ou moderne. Nous n'avons du reste qu'à signaler ici cette nouvelle application ou plutôt ce nouveau rameau détaché du bronze, dans lequel l'art ne vient qu'en seconde ligne, et où, souvent même, il n'existe qu'à l'état rudimentaire.

XIII

LE BRONZE DANS LES ARMES

L'invention de la poudre eût pour conséquence naturelle celle de cylindres métalliques dans lesquels on enfermait le produit explosif, afin d'obtenir par sa combustion l'envoi à grandes distances de projectiles qui reçurent vite le nom de boulets. Ces cylindres ou canons en fer forgé s'appelèrent d'abord *quennons* ou *bombardes*. Ce fut au quinzième siècle que l'on nomma pour la première fois *canons* les bouches à feu en bronze. Charles VIII introduisit le premier ce terrible engin destructeur hors de France, lors de sa campagne en Italie, en 1495.

Selon les diverses formes que l'on donna à cette arme, elle fut appelée tour à tour *serpentin*, *couleuvrine* ou *dragon*, *aspic*, *pélican*, *sacre*, *fauconneau*, *émerillon*, etc.

Mais, plus tard, au dix-septième siècle, le canon prit les noms de *caronade*, *obusier*, *mortier*, *pierrier*, et se divisa, selon ses usages, en bouches de montagne, de campagne, de siège, de côte ou de marine.

Le mot de *canon* vient lui-même de *canna* (canne). Jadis on désignait son calibre par le poids du boulet. Ainsi on disait un canon de 48, de 24, de 12, d'après les boulets pesant 48, 24 ou 12 livres. Avec les projectiles cylindriques de l'artillerie moderne, on désigne le calibre par le nombre de centimètres que contient le diamètre de leur âme.

Le bronze des canons est le seul, ou à peu près, qui ne renferme que du cuivre ou de l'étain, c'est-à-dire 90 de cuivre sur 10 parties d'étain. La dureté croît avec la proportion d'étain, mais, en revanche, la ténacité diminue. Le colonel Caron à cru remédier à ce dernier inconvénient en y ajoutant le tangstène, mais la matière a manqué d'homogénéité et l'on a dû y renoncer.

Il y a, en effet, dans le bronze appliqué aux bouches à feu deux causes de destruction : 1° la pression intérieure produite par l'extension des gaz de la poudre, 2° l'effort longitudinal produit par le passage du projectile. C'est à ces deux causes qu'on a toujours cherché à obvier en imaginant les diverses combinaisons dont nous allons parler.

Ainsi, sous Louis XIV, Gribeauval fit couler pleines toutes les bouches à feu, à l'exception des mortiers qu'on coulait au noyau, et le vide intérieur s'obtenait par le forage. On substitua aussi le moulage au sable au moulage en terre. Enfin, pour les bouches à feu en bronze se chargeant par la culasse, au lieu de les couler la culasse en bas, on les coula la volée en bas, car c'est vers le milieu de la colonne, c'est-à-dire au milieu de la masselotte que le métal possède les meilleures qualités.

Pour remédier au manque de dureté du bronze dans les fortes pressions, on a aussi cherché à remplacer l'étain par l'aluminium. Cet essai a eu lieu vers 1867 et 1868, mais tout en obtenant une plus grande dureté, on a rencontré moins d'homogénéité et une composition plus coûteuse.

En Angleterre on a essayé, en 1872, d'appliquer aux bouches à feu le métal Sterro, avec lequel on a obtenu plus de dureté et d'élasticité, mais, en revanche, moins de ténacité.

En France MM. de Ruoltz et Lafontaine, poursuivant

ces recherches intéressantes, ont inventé le bronze phosphoreux, supérieur aux autres combinaisons en homogénéité, dureté et résistance, mais d'une composition très délicate et très difficile à doser.

A Woolwich, le chimiste Parsons a composé un bronze au manganèse qui se laisse forger à la température rouge.

En Autriche enfin, de même qu'en Suisse, en Allemagne et ailleurs, on est arrivé, avec le bronze Uchatius, à une composition qui paraît réunir les meilleures conditions. C'est un bronze coulé en coquille et mandriné, qui possède une ténacité et une dureté comparables à celles des bouches à feu en acier. Ce bronze ne contient que 8 pour 100 d'étain. Il a été employé avec succès dans les fonderies de canon de Spandau, de Turin, de Séville et de Bourges.

On a aussi cherché à protéger le bronze des canons par des tubes en fer en fabriquant des bouches à feu tubées, mais, depuis quelques années, on a fini par remplacer tout à fait le bronze, pour la fabrication des canons, par l'acier.

En résumé, l'emploi du bronze est restreint aux petits canons de montagne, à cause de sa ténacité qui permet de diminuer l'épaisseur des pièces et d'augmenter leur longueur. De plus il est inattaquable par l'air et par l'humidité.

En somme il ne nous reste guère que trois calibres de canons de bronze :

Le calibre 4 dit de campagne;

Celui de 4 dit de montagne;

Et celui de 12 de siège, ancien canon obusier.

Décrire la fonte des canons devient donc une étude rétrospective, mais que nous ne pouvons toutefois omettre ici. Ce n'est cependant pas le bronze qui fut primitivement appliqué aux premières bouches à feu. Elles furent d'abord faites en lames de fer forgées réunies en faisceaux et consolidées par des cercles métalliques. Ce fut aux fondeurs de cloches qu'on dut s'adresser pour la fabrication des premiers canons, et ceux-ci y employèrent tout naturellement les mêmes procédés. Cependant les conditions n'étaient pas les mêmes. Le fondeur de cloches se déplaçait à chaque fois et était forcé d'improviser sur les lieux son outillage. Il ne fondait jamais qu'une cloche dans les mêmes dimensions et brisait chaque fois son modèle et son moule.

Mais le fondeur de canons avait, au contraire, à exécuter une grande quantité de pièces semblables suivant un petit nombre de types réglementaires. Il était donc absurde de s'en tenir au procédé long et coûteux du moulage en terre et de détruire son modèle à chaque coulée. Ce fut cependant ce qui eut lieu pendant le siècle de Louis XIV, où l'on fit un usage exagéré des bouches à feu, et jusqu'à la Révolution française. Il est vrai que cela permettait d'orner chaque pièce comme un objet d'art dont le fût était agrémenté de torsades ou de fleurs de lis en relief, couvert d'inscriptions à l'éloge du grand roi, dont la culasse représentait des têtes de dragon et de lion, et les anses des poissons ou des animaux fantastiques. Ces pièces que nous revoyons aux Invalides ou au musée d'artillerie sont, en effet, chacune une œuvre à part très décorative, comme l'est le canon espagnol du temps de Philippe V que représente notre gravure. Quelle différence avec la forme mathématique et brutalement logique de nos pièces modernes!

Mais, à l'époque de la Révolution, au moment où la France se trouvait en présence d'une coalition d'ennemis, on fut bien forcé de perfectionner les anciens procédés, et les fonderies de canon surgirent de tous côtés.

Jusqu'alors il avait fallu fabriquer la *fausse pièce*, comme on fabriquait la *fausse cloche*, et confectionner un moule en terre. Sur un long essieu de bois de forme conique on commençait par enrouler un tortillon, ou corde de foin tordue, appelé natte. Sur cette natte on appliquait l'une après l'autre des couches de terre à mouleur qu'il fallait faire sécher successivement au-dessus d'un feu de copeaux. La dernière couche appliquée, on faisait reposer l'essieu par les extrémités sur deux tréteaux opposés, et en le faisant tourner comme un mandrin sur un tour, on donnait au modèle le profil exact de la pièce à l'extérieur. On ajustait ensuite au modèle en terre les anses de la pièce et les tourillons. Le modèle représentait alors le canon dépourvu de culasse et prolongé du côté de la bouche par une partie cylindrique assez longue. Ce modèle fait et séché, on y appliquait successivement plusieurs couches de terre, pour former le moule ou la chape. L'épaisseur de terre étant jugée convenable, on la cerclait de bandes de fer, indispensables pour donner au moule une suffisante résistance; enfin le moule exposé à un feu doux était lentement et complètement desséché.

Canon espagnol en bronze de Philippe V.

Il s'agissait alors d'extraire le modèle et de vider la capacité du moule. Pour ce, par quelques coups de maillet frappés du côté rétréci, on faisait sortir l'essieu, on accrochait la corde de foin, qui, se déroulant, disloquait de toute part la croûte de terre appuyée sur elle dont on faisait sortir les débris. Cela fait, le moule ressemblait à un gros tuyau ouvert à ses deux extrémités; on rapportait alors le moule de la culasse construit à part, également cerclé et consolidé de bandes de fer, et on mastiquait soigneusement les deux parties. Le tout ajusté, on dressait le moule verticalement, en le soulevant à l'aide d'une grue, puis on le plaçait debout dans une fosse profonde. Plusieurs moules étant ainsi dressés les uns près des autres, on comblait la fosse de terre, dans le but de contrebalancer par la résistance des terres foulées la pression du métal liquide introduit dans les moules.

Pendant ce temps le cuivre a été amené à l'état de fusion sur la sole profonde d'un fourneau à réverbère chauffé au bois. L'alliage se fait, comme toujours, au dernier moment; 8 à 10 parties d'étain pour 90 de cuivre sont introduites dans le bain ardent et liquéfiées en un clin d'œil. On le brasse vigoureusement avec des perches de bois vert. La *percée* est pratiquée, et le métal en fusion conduit par des rigoles, vient remplir successivement les moules.

Le moule demeurant vide après la destruction du modèle, la pièce coulée se trouve pleine; il fallait donc la forer au tranchant de l'acier, comme on perce un trou avec un foret dans une plaque de métal. Quant à la partie dont nous avons parlé et qui se trouve au delà de la gueule, elle n'a pas été inutile. On l'appelle ***masselotte***, et par son poids elle exerce une pression sur le métal qui remplit le reste du moule lorsqu'il est liquéfié et tandis qu'il se solidifie sous ce tassement; l'alliage se fixe plus doux, plus égal, d'un grain plus fin, d'une texture plus serrée et plus résistante. Avant le forage, la masselotte est sciée au ras de la gueule ; elle doit repasser dans le fourneau, comme du reste toutes les *tournures*, tous les déchets métalliques qui entrent dans la fabrication de la pièce. Vers 1791, on renonça en partie au moulage en terre, pour adopter plus généralement le moulage en sable.

La méthode décrite par le savant Monge (*Art de fondre les canons*) consiste à former le moule de la pièce dans une série de châssis superposés ; seulement ces châssis, destinés à un usage spécial, ont reçu une forme adoptée plus-commodément à cet usage : on les fait ronds, comme des tronçons de cylindres ou de cônes. Le modèle de la pièce se démonte en sept parties qui s'ajustent bout à bout, successivement ; ces pièces du modèle sont démontées et extraites séparément ; puis on fait le resurmoulage avec toutes les précautions nécessaires. Le moule, assuré par la forte enveloppe de ses châssis de fonte, est dressé dans la fosse, mais non pas *enterré* ; on n'a aucunement besoin de cette précaution. La coulée a lieu comme précédemment. Ce procédé, beaucoup plus commode et plus rapide, était lui-même susceptible de perfectionnements et de simplifications. Il fut de toute nécessité profondément modifié, quand on modifia la forme des bouches à feu elles-mêmes, et qu'on eut à fondre des pièces se chargeant par la culasse.

Aujourd'hui, tout est changé, bouleversé, dans le matériel d'artillerie, En France, on ne fabrique plus en bronze que des *pièces de sept* rayées, du modèle de celles qu'on voyait pendant la guerre de 1871 dans Paris assiégé. Le moulage est simplifié tout d'abord par la suppression du moule de culasse, celle-ci étant mobile et se fabriquant à part ; en sorte que la pièce coulée se réduit à un gros cylindre. Le moule aussi a été renversé ; et la pièce, au lieu de se couler la culasse en bas, se coule la bouche en bas, la masselotte surmontant la culasse.

Un des perfectionnements introduits récemment consiste à faire le moule en deux parties, s'ouvrant longitudinalement. Dans certaines expériences, on a coulé la pièce de bronze en *coquille*, c'est-à-dire dans un moule en fonte de fer formé de trois ou quatre parties boulonnées; les résultats ont été fort satisfaisants. Le métal, refroidi plus rapidement, paraît doué d'une plus grande résistance.

Les mortiers, destinés à lancer les bombes, les projectiles explosibles et incendiaires, se moulent par des procédés identiques; mais, vu leur forme courbe et ramassée, le moulage en est plus facile. Les mortiers se coulent creux.

La masselotte détachée, les pièces coulées pleines doivent être *forées*, opération sur laquelle nous n'avons pas à insister ici. Les pièces coulées creuses, comme les mortiers, n'ont pas besoin d'être forées; mais on les *alèse*, c'est-à-dire qu'on élargit et régularise le vide intérieur, à l'aide d'un instrument nommé *alésoir*.

Les pièces forées et *calibrées*, il reste à pratiquer la *lumière*, c'est-à-dire l'orifice étroit par lequel le feu est communiqué à la poudre. Enfin les pièces modernes, après avoir été tournées à l'intérieur, doivent en outre recevoir la *rayure*; on creuse dans le métal ces sillons légèrement tordus en spirale, qui ont pour effet d'imprimer un mouvement de rotation au projectile chassé, ce qui donne au tir plus de précision. Les parties détachées de la culasse ont été fondues à part, puis tournées et travaillées; en dernier lieu, on ajuste au corps du canon ces pièces rapportées.

Le bronze n'est du reste plus employé aujourd'hui pour les pièces de canon de fort calibre. Seules, nous venons de le dire, les pièces de campagne, les mitrailleuses, sont en bronze. Les fortes charges employées désormais, les obus colossaux, hauts presque comme un homme, s'accommoderaient mal de la résistance minime que leur offrirait un métal désormais abandonné sur le champ de bataille, et remplacé par l'acier.

XIV

LE BRONZE DANS LES INSTRUMENTS SONORES

Le bronze des instruments sonores, cloches, tam-tams, gongs ou cymbales, est, de tous, le plus riche en étain A l'inverse de l'acier, la trempe l'adoucit, tandis que le recuit le durcit. Aussi Darcet croyait-il qu'on pouvait travailler le bronze à froid en le soumettant à des trempes fréquentes et il pensait que c'était ainsi qu'il avait été fabrqiué dans l'Extrême-Orient. Mais les essais qu'il fit de ce procédé ne lui réussirent point.

Les cymbales (du grec *Kumbalon*, objet creux, tel que pot, cruche, vase, etc.) sont d'origine orientale. Connues depuis un temps immémorial dans la Chine et les Indes, elles tenaient une place importante dans la musique des anciens Hébreux. La Bible les désigne sous le nom de *tseltselim*, véritable onomatopée. C'étaient les instruments de réjouissance par excellence, dont jouaient surtout les femmes en s'accompagnant d'une espèce de tambour de basque. Les cymbales antiques sont décrites ainsi par le grand compositeur Berlioz :

« Elles sont fort petites et leur son est d'autant plus aigu qu'elles ont plus d'épaisseur et moins de largeur.

« J'en ai vu au musée de Pompéi, à Naples, qui n'étaient pas plus grandes qu'une piastre. Le son de celles-là est si aigu et si faible qu'il pourrait à peine se distinguer dans un silence complet des autres instruments. Les *cymbales* servaient sans doute, dans l'antiquité, à marquer le rythme de certaines danses, comme les castagnettes modernes. »

Aujourd'hui les cymbales sont un instrument de percussion composé de deux plaques circulaires de bronze de 0 m. 40 de diamètre et dont le centre est percé d'un trou dans lequel est introduit une double courroie dans laquelle l'instrumentiste passe ses mains. Il frappe ensuite les deux cymbales l'une contre l'autre du côté creux.

Le son qu'elles rendent, clair, éclatant et vibrant d'une manière prolongée, n'est point appréciable au point de vue de l'échelle musicale. Cet instrument sert surtout à accompagner et à délayer pour ainsi dire le bruit sourd de la grosse caisse, en le rendant ainsi plus sonore et comme brisé en mille paillettes. Les compositeurs modernes s'en servent dans les grands effets d'orchestre, surtout dans les danses fantastiques, telles que celle des nonnes, au troisième acte de *Robert-le-Diable*, dans les marches guerrières, les airs de danse ou les grandes ouvertures.

Les gongs et les tam-tams de Chine n'ont jamais pu être complètement imités ou égalés, au point de vue de la sonorité, par les Européens.

D'après l'analyse de Darcet, ils étaient composés de :

Cuivre	75 p. 100
Étain	25 —

La cymbale turque est faite de l'alliage suivant :

Cuivre	78,51
Étain	20,27
Plomb	0,52
Fer	0,18

On lit, à ce propos, dans la petite encyclopédie Fien-Kong-Khaï-ne, publiée en 1837 par Song-ing-Sing, que

« si l'on veut fabriquer un *tcho* (tam-tam) ou des *ting-nins* (cymbales), on fond d'abord le métal, on le coule

Joueurs chinois de cymbales et de gong.

sous forme de plaque ronde, puis on le bat au marteau.

« Lorsque l'on bat un gong ou un tam-tam, on ne se

sert point d'une enclume : on étend simplement sur le sol la masse ou la feuille de métal. Si l'instrument doit être fait de grandes dimensions, plusieurs ouvriers se placent autour et frappent à coups redoublés. De petite qu'elle était, la pièce s'élargit et bientôt du corps de l'instrument s'échappent des sons vibrants qui partent de tous les coins frappés.

« Lorsque le centre du tam-tam a été relevé en bosse, un ouvrier habile lui donne graduellement, en battant à froid, la qualité de son requise. On peut lui donner à volonté deux sortes de sons : le son femelle (aigre), et le son mâle (grave), mais il faut calculer à un centième, et même à un millième près, le degré de saillie ou de dépression de la bosse centrale. C'est par un grand nombre de coups de marteau que l'on détermine le son mâle. »

Comme le dit M. Delon dans son excellent petit livre sur le *Cuivre et le Bronze*[1], la vibration pénétrante et aiguë des cymbales est comme un éclair de son qui jaillit au-dessus du grondement de l'orchestre.

Jusqu'au commencement de ce siècle, on n'était pas arrivé en occident à une bonne fabrication de ces instruments, bien qu'on sut reproduire exactement la composition du métal (88 parties de cuivre, 22 d'étain). Enfin on découvrit que la trempe qui donne à l'acier la dureté produit sur le bronze un effet contraire. Il devient mou, malléable, ductile et sans sonorité, Comme nous l'avons dit plus haut, le bronze ramollit par la trempe et durcit par le recuit. Une fois cette propriété constatée, on porta la pièce au rouge vif puis on la trempa. Devenue malléable et docile, on put alors la travailler au marteau. On arriva ainsi à réduire des plaques de 6 à 8 millimètres d'épaisseur à 1 millimètre, et on obtint alors la plus grande sonorité.

1. *Le Cuivre et le Bronze.* (Hachette et Cie.)

Quant aux cloches, c'est certainement, de tous les instruments sonores, le plus anciennement connu. Les Chinois désignent le métal des cloches sous le nom de *kara-kara*, et ils le fabriquent avec des dosages divers, selon les qualités. Ainsi la première qualité se compose de :

Cuivre	10,00	parties
Étain	2,50	—
Plomb	1,33	—
Zinc	0,50	—

Pour constituer leurs alliages, les Chinois mettent d'abord le cuivre en fusion, puis ils ajoutent ensuite et successivement les autres métaux dans l'ordre indiqué ci-dessus.

Les plus grandes cloches sont faites avec la deuxième qualité soit :

Cuivre	10,00	parties
Étain	3 ,00	—
Plomb	2,00	—
Fer	0,50	—
Zinc	1,00	—

Le zinc, quoique peu favorable à la sonorité, a l'avantage de lier l'alliage, de le rendre plus doux et plus coulant et de lui assurer la formation ultérieure de la plus belle patine.

Quelquefois on prétend qu'on y ajoute des métaux précieux tels que l'or et l'argent. Cependant la fameuse cloche de la cathédrale de Rouen, dite *cloche d'argent*, a présenté, dans les analyses faites à la monnaie de Paris, la composition suivante :

Cuivre	71,00	p. 100
Étain	26,00	—
Zinc	1,80	—
Fer	1,20	—

sans aucune trace d'or ni d'argent.

Pour les grelots et les clochettes, les Chinois

emploient un kara-kara de composition spéciale, qui contient :

Cuivre	63,50 p. 100
Étain	25,40 —
Fer	3,20 —
Zinc	7,90 —

En France on se contente, pour la fabrication des sonnettes et des timbres d'horlogerie, d'une sorte de *potin* qui contient :

Cuivre	55 p. 100
Étain	35 —
Zinc	10 —

Le moulage des modèles se fait au sable. Mais celui des grelots présente une certaine difficulté pour le faire creux. Aussi le modèle est formé de deux pièces, comme deux hémisphères : l'une des pièces, celle où l'on remarque une ouverture oblongue, terminée par deux parties rondes, porte une saillie qui s'appelle porte-noyau ; cette saillie se moule avec l'hémisphère et laisse son empreinte sur le sable, ce qui forme un creux qui sert à loger la portée du noyau. Celui-ci est en sable : on introduit dans l'intérieur, lorsqu'on le fait, des morceaux de fer plus gros que les ouvertures rondes et proportionnés à la grosseur du grelot pour en former le battant.

Les cuivres qu'on emploie à cette fabrication sont une composition de zinc, d'étain, et de cuivre rosette qui y entre pour les trois quarts. Quant aux cuivres blancs des timbres, dont on a fait longtemps un secret, ce n'est qu'un alliage analogue de matières plus pures et dans lequel l'étain entre pour une grande proportion.

La fonte des cloches a, pour ainsi dire, remplacé, au moyen âge, les anciennes fontes de bronze de l'art et de la civilisation antiques. C'était la seule voix qui s'élevait au-dessus du mutisme de la pensée et de la poésie. A côté ou au-dessus des églises, s'élevèrent peu à peu des tours ou des campaniles dans lesquelles on plaçait des cloches qui appelaient les fidèles à la prière. La cloche servit encore à l'époque où les populations réclamaient leurs droits et leurs franchises communales; la ville avait son beffroi qui convoquait les citoyens aux réunions dans lesquelles ils revendiquaient et fondaient leur indépendance.

C'est l'antiquité la plus reculée qui avait légué la cloche aux générations modernes. Elles étaient déjà connues en Chine 2 600 ans avant Jésus-Christ. En Égypte, les cloches annonçaient les fêtes d'Isis ou d'Osiris, chez les Grecs elles accompagnaient les bacchanales. Enfin, dans les temps plus modernes, elles ont parfois joué un rôle important. Telles les cloches de Saint-Étienne à Orléans, dont le son mit, dit-on, l'armée de Clotaire en fuite, et la fameuse cloche de la Saint-Barthélemy.

D'après les statuts diocésains de Saint-Charles Borromée, une église cathédrale devait avoir de six à sept cloches, une église collégiale trois, et une église paroissiale de deux à trois.

Parmi les cloches les plus célèbres, on cite celle du Kremlin, à Moscou, qui ne pèse pas moins de 201 266 kilogrammes. Le *tzar Kolokol*, comme on l'appelle en Russie, repose au pied du clocher d'Yvan Velikoï, depuis qu'on l'a retirée des fossés du Kremlin. « Toute blanche de neige — dit Victor Tissot dans son beau livre, la *Russie et les Russes* — on dirait la coupole de marbre d'un temple effondré. Un jour, on y donna sous une tente un repas de vingt couverts. Que de légendes ont couru sur la cloche du Kremlin! Les moujicks se signent quand ils s'approchent d'elle; ils lui attribuent une origine sainte et l'appellent « cloche éternelle ». On raconte qu'au moment de la fonte, en 1733, sous l'impératrice Anne, les boïars jetèrent toute leur vaisselle plate dans le fourneau de fusion, de sorte que « la cloche d'airain a des muscles d'argent et des veines d'or ».

La cloche de Trotskoï pèse 175 000 kilogrammes. Celle de Saint-Yvon, dont le battant seul était mobile, pesait 57 976 kilogrammes. La grosse cloche de Notre-Dame de Paris, célébrée par Victor Hugo, pèse 17 170 kilogrammes. Rappelons aussi la célèbre cloche de Rouen, donnée à cette ville par Eudes Rigault; elle était si dure à mettre en branle que ses sonneurs étaient obligés de boire souvent pour renouveler leurs forces. De là le proverbe : « Boire à tire la Rigault ». Sur la fameuse cloche de Gand, qui tintait au haut du beffroi de la ville on lisait cette inscription : « Roland! Roland! si je tinte, incendie; pleine volée, c'est soulèvement ». Au moyen âge, chaque ville avait ainsi son carillon, que Rabelais rappelle dans son *Ile sonnante*.

C'est vers le septième siècle que l'usage des cloches commença à se répandre en Occident dans les églises, les monastères et les hôtels de ville. Elles avaient différentes formes appelées *écuelles* ou *esquilles*, *cymbales*, *campanes* et *campanelles*, *noles* et *nolettes*, ou *bourdons*, quand il s'agissait des plus grosses, d'un grand poids et d'un son grave.

Ce n'est guère qu'à partir du douzième et du treizième siècle qu'on leur donne les grandes dimensions et les poids énormes que nous avons rappelés en parlant des cloches russes et de certains bourdons français. Longtemps les proportions de leur alliage furent un secret que les fondeurs se transmettaient de père en fils. Le maître fondeur passait alors pour une espèce de sorcier prêt à se précipiter dans sa fournaise si la fonte ne réussissait pas. Ce fut le texte de bien des légendes. Les échevins le faisaient venir mystérieusement et l'installaient au pied même de la tour, avec ses aides. Ceux-ci construisaient le fourneau, alimenté au charbon de bois et surmonté d'une haute cheminée.

La fonte d'une cloche.

NN, noyau en maçonnerie, creux. AA, ouvertures donnant accès à l'air pour alimenter le foyer intérieur. FF, fausse cloche. CC, chape. O, ouverture au ciel de la cloche. B, bouchon du noyau, portant la ferrure du battant. M, calotte formant le moule des anses, et se creusant, en E, en entonnoir pour recevoir le métal en fusion.

Une fois le fourneau construit et séché, les ouvriers creusaient à côté une large fosse dans laquelle la cloche devait être coulée.

Au fond de la fosse, le fondeur établit une *aire de fondation* circulaire d'une ou deux assises de pierre dure ou de briques, appelée la *meule*. Puis il élève, par-dessus, une espèce de moule grossier ayant la forme d'une cloche. Un orifice communique avec le creux intérieur. Il entoure ensuite le fourneau de brique d'un enduit de terre à mouler, humide et battue. On donne alors au noyau la forme exacte, en relief, que l'intérieur de la cloche doit avoir en creux. Fixé à une barre de fer, la *trousse* ou *gabarit* en bois découpé, suivant le profil, tourne sur lui-même en raclant la surface de l'enduit de terre et donne au noyau la forme définitive. Une fois celui-ci bien sec, on le badigeonne avec des cendres délayées dans du lait pour empêcher de coller le nouvel enduit de terre qu'on y ajoute. Celle-ci, plus fine, est mêlée de fiente de vache. Entre le premier et le second gabarit reste l'épaisseur exacte que le métal doit avoir. C'est la *fausse cloche*. Une fois séchée, on enduit celle-ci d'une couche de cendres délayées, puis on forme sur elle une troisième couche de terre qui la recouvre et l'enveloppe de toutes parts. C'est la *chape*. Quand cette dernière est séchée on procède au démoulage. La chape, bien cerclée de fer et de tresses de chanvre, est enlevée et la fausse cloche mise à nu. On la brise alors en petits morceaux, on lisse avec soin le vide qu'elle a laissé. Puis la chape est redescendue. Enfin, une fois les anses, les inscriptions ou autres détails préparés, on enterre le moule en lutant les joints avec de la terre, afin de comprimer extérieurement la chape.

Enfin a lieu la *coulée*. On fond et on allie les métaux. Le fondeur, une fois la fusion opérée, trace dans le sable une rigole en pente douce allant du creuset au moule. Il enlève le tampon, le feu liquide ruisselle et se précipite vers la fosse. Le moule est rempli. La cloche est fondue et l'on peut s'en assurer dès le lendemain.

Nous ne saurions mieux faire, en terminant ce chapitre, que de citer la pièce de vers célèbre, inspirée par la fonte de la cloche au grand poète Schiller, et dont nous ne traduisons que les passages purement techniques :

LE CHANT DE LA CLOCHE.

Vivos Voco. — Mortuos Plango. — Fulgura Frango.

« La forme d'argile brûlée est debout, fortement mûrée dans la terre. Aujourd'hui elle deviendra la cloche! Courage, compagnons, à l'œuvre! Que la sueur coule de vos fronts et que l'œuvre fasse honneur au maître. — La bénédiction viendra d'en haut....

« Prenez le bois d'un tronc de mélèze bien sec afin que la flamme pénètre bien jusqu'au fond du foyer. Fondez la masse de cuivre et ajoutez-y rapidement l'étain, afin que le liquide bien fluide de la cloche se répande facilement dans le moule....

« Je vois surgir des boules d'écume blanche. — Bien! la masse est en fusion. Laissez-y pénétrer la potasse qui facilitera la coulée. Que l'écume pure fasse partie de l'alliage afin que le son pur et plein sorte du métal épuré....

« Déjà les tubes brunissent. Plongeons une baguette dans la masse; si nous la retirons vernie, c'est qu'il est temps de procéder à la coulée. Allons, compagnons, éprouvez l'alliage, voyez si les parties dures sont confondues avec les tendres comme il convient....

« Bien! maintenant la coulée peut commencer. Le bondon est détaché, mais avant de laisser couler, prions Dieu de préserver la maison! Enlevez! le ruisseau de feu s'échappe en mugissant dans la rigole. La terre l'engloutit. La forme est heureusement remplie. Pourvu qu'elle apparaisse brillante au jour, digne du travail et de l'art! Ah! si la coulée était manquée! si la forme allait éclater! Peut-être, tandis que nous espérons, ce malheur nous a-t-il déjà frappés....

« Pendant que la cloche se refroidit, cessons tout travail pénible. Et maintenant brisons la meule dont l'œuvre est terminée. Que le cœur et l'œil se réjouissent d'un spectacle réussi. Brandissez le marteau pour faire éclater la chape! Pour que la cloche apparaisse, il faut que la forme soit brisée en morceaux.

« Dieu m'a comblé de joie. Voyez, comme une étoile d'or, le noyau métallique sort, brillant et poli, de son enveloppe. Du faîte jusqu'à la couronne, la cloche reluit au soleil; les armoiries elles-mêmes apparaissent en pur relief et font honneur à l'artiste expérimenté.

« Maintenant, à force de tenailles, soulevez la cloche hors de la fosse afin qu'elle monte dans l'empire de l'harmonie et dans l'air du ciel! Tirez, tirez, soulevez! Elle se meut, elle vibre. Qu'elle soit la joie de la cité et que ses premiers sons proclament la paix! »

De chaque opération décrite dans les vers qui précèdent, le poète a tiré des réflexions remarquables sur la vie humaine, et sur les moments solennels dans lesquels la cloche est appelée à jouer un rôle : le baptême, le mariage, l'incendie, la foudre, l'émeute, les cérémonies funèbres.

C'est le développement de son épigraphe : *Vivos voco*, j'appelle les vivants (à l'église, à l'hôtel de ville, à la mairie, à l'incendie, etc.) *mortuos plango* (je pleure les morts; *fulgura frango*, je brise la foudre. Ce dernier trait est, on le sait, une pure superstition qui subsiste encore dans nos campagnes. Au lieu de briser et d'éloigner la foudre, le son des cloches est bien plus près de l'attirer par l'ébranlement de l'air.

XV

LE BRONZE CHEZ LES CHINOIS

Il y a fort peu de temps à la vérité que l'art chinois nous est connu, au moins dans ses lignes principales. A diverses reprises, les explorateurs des siècles passés, les quelques rares artistes qui avaient pu approcher du palais du fils du Ciel avaient rapporté en Europe le récit de leurs merveilleuses impressions en face de cette civilisation étrange, vieille de milliers d'années, à laquelle les arts les plus divers, les sciences les plus ardues, étaient connus déjà, lorsque nous étions encore enveloppés dans les langes de notre première évolution intellectuelle. L'astronomie, l'imprimerie, l'art de tisser et de peindre les étoffes, et par-dessus tout, l'art du bronze, n'avaient plus de secrets pour ces Orientaux impassibles et patients, à une date que l'on peut fixer à peut-être vingt siècles avant l'ère moderne.

L'art du bronze, entre tous les arts, florissait à la cour des empereurs dont les annales nous ont conservé les noms. Nous étions encore loin peut-être de l'apparition de la première hache métallique, de la première fibule du temps des palafittes, ou de la première agrafe de la chlamyde gauloise, lorsque l'empereur Yu faisait couler et ciseler des vases sur lesquels figurait la description des neuf provinces de l'antique empire. Ceci se passait en l'an 2220 avant Jésus-Christ, d'aucuns même disent vingt-sept siècles. Que l'on adopte ou non du reste cette date, que nul document précis ne conteste à la vérité, il est absolument hors de discussion que, sous la dynastie impériale des Chang, qui régna du dix-huitième au douzième siècle (avant notre ère bien entendu) sur l'empire du Milieu, les formes hiératiques consacrées pour les vases des sacrifices aient été déjà d'une pureté et d'une sûreté artistiques qui leur assignaient une longue et laborieuse évolution antérieure.

Pour se faire une idée approximative, sinon exacte, du développement de l'art du bronze en Chine, ou plutôt, si nous pouvons adopter cette expression, de sa « stabilité » au cours de multiples années, quelques points d'histoire nous sont indispensables.

Pendant de longs siècles, la Chine, vouée aujourd'hui en grande partie à la religion bouddhique, qui y fut introduite au premier siècle de notre ère, se renferma dans l'étroite doctrine des premiers âges : l'adoration des éléments, le Ciel, la Terre, les esprits des montagnes, des vents, de la foudre et des fleuves, religion primitive à laquelle, vers le sixième siècle, succéda le Confucianisme. Pendant cette longue période, la Chine se trouva, avec ses traditions et ses croyances, isolée du reste du monde, jusqu'à ne point connaître même les nations asiatiques méditerranéennes, immobilisée dans ses mœurs, dans sa religion, dans ses croyances, dont les moindres détails étaient formulés dans les fameux livres des Rites, rédigés par Confucius.

Comme ils prescrivaient les cérémonies d'État ou les fêtes religieuses, les livres des Rites, dont l'histoire nous a conservé les noms et les vestiges, commandaient, de la manière la plus stricte et la plus détaillée, les formes de tous les ustensiles adoptés dans les cérémonies, dont l'artiste ne devait à aucun prix s'éloigner. La première manifestation de l'art fut ainsi renfermée dans les limites d'un hiératisme absolu, imposant la forme, le contour, les dimensions des vases, et en particulier des vases de bronze, la seule matière employée dans les cérémonies, religieuses ou officielles. La première époque du bronze chinois n'offrira donc, au point de vue véritablement artistique, que des spécimens relativement inférieurs, la pensée de l'artiste étant forcément enchaînée par les prescriptions infranchissables des Rites religieux, qui indiquaient la teneur de l'alliage métallique et le décor même du vase.

Le décor! C'est lui, à la vérité, qui nous frappe davantage lorsque nous avons sous les yeux des spécimens de l'art du bronze chinois. Nous ne considérons en effet la forme elle-même, parfois cependant d'une étrangeté si audacieuse, que lorsque nous avons attentivement examiné les figures, d'une expression et d'un modelé tout nouveaux pour nous, qui frappent nos regards et excitent notre admiration. L'art « tranquille » des pays occidentaux, froid comme le ciel sous lequel il a pris naissance, se trouve ici comme transfiguré, affolé même. Aux figures paisibles des animaux, aux formes gracieuses et douces des fleurs et des plantes, au sérieux ou au rire de nos productions artistiques, ont succédé les torsions grimaçantes des dragons ou des licornes, aux écailles furieusement redressées, aux yeux et aux crocs menaçants. La fleur elle-même est comme secouée et tordue dans une expression de fureur et de souffrance.

Il n'est point jusqu'à la tortue — cette incarnation divine, d'après la mythologie chinoise, de l'étoile Yao-Kouang de la grande Ourse — qui ne respire sous sa carapace bronzée une inconcevable épouvante.

Les figures d'animaux surnaturels, que reproduisent le

plus volontiers les œuvres chinoises de la période primitive, peuvent se rapporter à quatre types principaux, que l'on retrouve, ou seuls, ou rassemblés l'un près de l'autre, enroulés autour du col, ou plaqués sur la panse des vases rituels ou honorifiques : le dragon, en chinois *long;* la licorne, *lin;* le phénix, *fong;* et la tortue, *koueï*. Dans son beau livre, *l'Art Chinois*, M. Paléologue, qui vécut de longues années en Chine, en qualité de secrétaire de la légation de France, donne des quatre « monstres » de l'art du bronze une description fidèle et colorée.

« 1° Le *Dragon* est le symbole de l'orient et du printemps. Il a la faculté de se rendre invisible ou d'embrasser l'immensité du ciel en se développant. C'est lui qui soutient la voûte du ciel, qui distribue la pluie ou régit les cours d'eau. Depuis le règne de l'empereur Kao-Hon, des Han (206 avant J-C.), le dragon est l'emblème de la puissance impériale : ses pattes sont alors armées de cinq griffes. Lorsqu'il figure comme attribut des princes du sang, il n'a que quatre griffes.

2° La *Licorne* a le corps d'un cerf, la queue d'un bœuf et une seule corne au front; elle est l'incarnation des cinq éléments primordiaux : l'eau, le feu, le bois, le métal et la terre. Elle est l'emblème de la perfection, et la durée de sa vie est de mille ans.

3° Le *Phénix* a la tête du faisan, le col de la tortue, le bec de l'hirondelle et le corps du dragon. On le représente aussi avec la tête du faisan et le corps d'un paon aux ailes éployées. L'apparition du phénix annonce des hommes d'État vertueux. C'est l'emblème des impératrices.

4° La *Tortue* est considérée, nous l'avons mentionné plus haut, comme l'incarnation divine de l'étoile Yao-Kouang de la grande Ourse. Elle est l'emblème de la force.

A ces quatre figures principales, il faut encore joindre une cinquième incarnation fantastique des rites chinois, le *t'ao-t'ié*, littéralement le glouton. Le *t'ao-t'ié* a des mandibules puissantes, des crocs aigus et des yeux énormes. Dans les époques postérieures, on a reproduit aussi cette tête grimaçante, mais en la traitant avec plus de liberté, en dénaturant pour ainsi dire les traits, en faisant de chacun de ses attributs un motif ornemental spécial.

Nombreuses sont les formes des vases chinois, malgré les dures prescriptions des rites. Les bronzes affectaient en effet des formes différentes, suivant qu'ils devaient contenir telle ou telle offrande, le vin, les fruits, le grain bouilli offerts en sacrifice aux divinités primitives. Ils se rapportent toutefois à différents types dont les variétés ne diffèrent entre elles que par des détails presque insignifiants. Le vase destiné à recevoir le sang de l'animal sacrifié, ou « vase de la victime », sera par exemple toujours formé de deux parties principales : la reproduction de l'animal sacrifié et le vase lui-même; seulement la figure de l'animal changera en même temps que le type choisi par le sacrificateur. Or, quatorze animaux peuvent être offerts aux divinités chinoises : le cheval, le bœuf, le mouton, le porc, le chien, le coq, le cerf, l'ours, le sanglier, l'antilope, le lièvre, la caille, le faisan et le pigeon; on voit quelle série de variétés peut présenter cette forme particulière de vase.

A côté des vases rituels, dont il nous serait difficile de donner à cette place une description même sommaire, plaçons les vases honorifiques, destinés à rappeler les mémoires d'un personnage remarquable ou simplement un fait important de l'histoire. Ces vases, aux formes plus élégantes que celles des œuvres purement religieuses, possèdent le plus souvent des anses d'une richesse de décors vraiment surprenante.

La période archaïque du bronze en Chine devait être close par la révolution considérable qui, vers le commencement du premier siècle de notre ère, bouleversa de fond en comble les institutions primitives de la Chine. Nous voulons parler de l'introduction du bouddhisme, succédant à l'antique religion de Confucius. La légende rapporte que l'empereur Ming-Té, tourmenté par un songe dans lequel s'était subitement présentée à ses yeux la figure d'un dieu étranger, envoya dans l'Inde des messagers qui rapportèrent les livres et les ustensiles du culte de Çakya-Mouni.

Avec le bouddhisme s'ouvre une période d'affranchissement de l'art chinois, de l'art du bronze en particulier. Plus de formes hiératiques, ou du moins des formes vivantes, animaux étranges encore à la vérité, lions aux gueules hurlantes, aux] vertèbres hérissées, comme flamboyantes, à l'allure belliqueuse et pleine de défi comme le sont les fameux lions de bronze du Palais d'Été, emblèmes de la puissance impériale. Et surtout, progrès incommensurable, la figure humaine va être représentée, tout d'abord, dans la personne du Bouddha lui-même, dans celle ensuite des prophètes ou des saints de la religion aryenne. L'introduction des offrandes sous forme de parfums crée en outre toute une nouvelle série de formes d'une élégance extrême, les brûle-parfums, aux couvercles artistement historiés, aux anses délicatement attachées à la panse arrondie du vase.

Le Bouddha chinois est trop connu pour que nous en donnions une description détaillée. On le retrouvera du reste plus majestueux dans sa colossale sérénité, au fond du sanctuaire japonais. Citons donc seulement ici le passage sommaire du *Lotus de bonne loi*, le livre sacré qui nous dépeint ainsi le dieu rapporté des bords du Gange : « Il a le front large et uni; — l'œil semblable aux pétales du nymphœa bleu; — les lèvres pareilles au fruit du Wimba; — les veines cachées; — les épaules

Un des lions de bronze du Palais d'Été, à Pékin.

parfaitement arrondies; — le corps comme le tronc du figuier; — les membres et les flancs parfaitement ronds et polis; — la rotule pleine; — les pieds et les mains doux et délicats; — les doigts longs; — le talon développé; — le cou-de-pied saillant; les chevilles cachées.... »

Interrogez du regard un des nombreux Bouddhas que vous rencontrez aujourd'hui dans tous les musées et dans les collections, vous le verrez accroupi sur son lit de lotus, les jambes repliées, la main droite au repos, coiffé du bonnet conique semé de protubérances. Tout respire en lui la sagesse et la réflexion. Pleine de grâce naïve est aussi la statuette de la déesse Kouan-Yin, déesse de la miséricorde, à laquelle on donne parfois seize bras pour symboliser son désir ardent de secourir les infortunés.

Innombrables sont encore les statuettes de déesses, de patriarches, d'ascètes, qui sont vénérés en Chine et dont les temples bouddhiques possèdent de remarquables et curieux spécimens.

S'il vous est jamais donné de parcourir un musée chinois complet, vous serez véritablement stupéfié du nombre incalculable de statuettes divinisées que peut enfermer un temple bouddhique. Certains sanctuaires, et même des plus modestes, en renferment des milliers. Voici *Brahma*, puis *Mélifo*, le Bouddha de l'avenir, quelque chose comme l'antéchrist de la religion de Confucius, « qui doit apparaître dans trois mille ans aux hommes » ; *Civa*, aux huit bras, dieu de la destruction; *Maritchi*, déesse de la paix, etc....

Représentez-vous les innombrables villages de cet empire immense, aux frontières encore indécises, couvrant tout le cœur de l'Asie, et, dans chaque village, les multiples autels des multiples divinités, et vous pourrez peut-être vous faire une idée de l'incroyable quantité des œuvres de l'art du bronze, statues, brûle-parfums, vases des sacrifices, chandeliers, qu'a créés depuis des siècles l'art chinois. N'oublions point le fameux « moulin à prières » un des bronzes les plus curieux que renferme l'incomparable collection Cernuschi : un cylindre de bronze sur lequel sont gravées, en caractères thibétains, les premières lettres du verset sacré, d'une poésie tout orientale : « Salut! perle enfermée dans le lotus! »

Sur l'art du bronze lui-même, examiné au point de vue purement métallique, sur la méthode de fonte adoptée par les habitants du Céleste Empire, sur les procédés techniques, enfin, sur les procédés de coloration de l'alliage, sur les patines, qui affectent les couleurs les plus variées, le vert olive, le brun, jusqu'au rouge écarlate, nous en sommes réduits aux conjectures, tout au moins dans ce que l'on est convenu d'appeler le tour de main.

Nous savons parfaitement, à la vérité, que les procédés de fonte des artistes chinois ne diffèrent en rien, en tant que principe, des nôtres. C'est toujours, pour les pièces grossières, la fonte au sable; pour les pièces délicates ou simplement de valeur, la fonte à la cire perdue que nous avons décrite plus haut. Et cependant, quelle différence dans le fini des pièces! Pas une retouche, pas un coup de ciseau, pas la plus petite irrégularité dans la conception ni dans l'exécution de l'œuvre! Le grand artiste a été surtout la patience, l'attention scrupuleuse du modeleur et du fondeur, concentrée tout entière sur un seul point, l'achèvement de la pièce commencée, se pliant docilement aux plus minimes et aux plus infimes détails, la patience orientale en un mot, qui exclue en général chez nous le génie. En Orient, pas de praticien reproduisant et retouchant l'œuvre sortie des mains du maître : l'artiste et l'ouvrier ne font qu'un, et c'est à cette collaboration inconnue chez nous que l'art chinois doit son développement artistique, ou tout au moins « industriellement » artistique.

A côté des bronzes bouddhiques, et souvent plus délicats et d'une conception plus originale, se placent les bronzes *taoïstes*, inspirés par la doctrine du *Tao*, fondée au sixième siècle avant notre ère, par le philosophe Lao-Tsé. Les bronzes taoïstes peuvent se distinguer par certains signes extérieurs représentant soit des caractères symboliques, soit des attributs exclusivement réservés au culte, comme la chauve-souris et la pêche de longévité, que Lao-Tsé porte en mains sur les statuettes qui le représentent, et qui ne mûrit que tous les trois mille ans. Autour du col délicatement allongé du vase, court la branche arrachée au pêcher divin; le pied lui-même est formé de trois des fruits sacrés recouverts de feuillage. On dirait un vase moderne, savamment étudié par l'un de nos plus habiles ornemanistes.

Le culte taoïste, comme le culte bouddhiste, et plus encore que lui peut-être, possède ses divinités, ses personnages sacrés, dont les statuettes reposent à la place d'honneur sur les autels. Voici Lao-Tsé lui-même, le philosophe au crâne fortement bombé, à la longue barbe traînante, monté sur un buffle ou encore sur un cerf. Voici encore, souriant dans sa face graisseuse et bouffie, accroupi sur une outre pleine des jouissances terrestres, le dieu de la sensualité, *Pou-t'aï*. Puis viennent les sept immortels, dont l'un d'eux, *Li-Tsé-Kouaï*, est représenté sous la forme d'un pauvre diable contrefait, aux chausses en loques, se soutenant sur un bâton. Encore les dieux de la guerre, de la littérature, les mille génies de ce culte dont le naturalisme poussé à l'excès jure avec le caractère méditatif du grand Bouddha.

Les ustensiles du culte, ceux de la vie domestique, dont les formes appartiennent au culte de Tao, sont souvent fort remarquables, autant par leur forme que par leur pureté d'exécution.

Nous n'avons parlé jusqu'ici que des œuvres purement en bronze produites par l'art chinois, dans lesquelles le précieux alliage est coulé d'un seul jet, sans retouche ni travail accessoire servant à exalter sa finesse et sa pureté de formes. Dans les vases ou les statuettes que nous avons examinés jusqu'à ce moment, le bronze reste vierge de tout travail supplémentaire. Il ne brille aux yeux que par l'éclat de sa merveilleuse patine, par l'incomparable finesse de ses ornements, par le galbe de sa forme, quand bien même elle a dû, pour les bronzes primitifs, se renfermer dans les limites que lui traçait une sévère prescription religieuse. Bref, les bronzes que nous avons passés en revue, qu'ils appartiennent au culte primitif, au bouddhisme ou à la religion de Tao, ne comportent ni dorure, ni damasquine, ni ornement quelconque étranger à l'alliage lui-même.

Et cependant, aujourd'hui que les bronzes de l'Extrême-Orient sont devenus presque communs parmi nous, ou ont du moins perdu leur rareté d'il y a un demi-siècle, il nous a été donné à tous d'admirer ces magnifiques spécimens de vases aux panses damasquinées ou simplement dorées, couverts de délicates arabesques ou de larges incrustations, faisant d'une façon si parfaite corps avec le métal lui-même, qu'il est impossible de remarquer la moindre trace de contact, le moindre fil, si ténu qu'il soit, qui sépare le travail du fondeur de celui de l'artiste qui lui a succédé.

Ce seul caractère servirait, à défaut de marques, parfois presque indéchiffrables, à faire distinguer une œuvre de la grande époque du bronze en Chine, allant du quinzième au dix-huitième siècle, de l'empereur Siouan-te (1426) de la dynastie des Ming, à l'empereur Khang-hi (1723) de la dynastie tartare des Thsing.

Voyez ce brule-parfums damasquiné. Les fines lignes

forcées et martelées dans les stries tracées à la pointe sur le bronze, semblent faire partie intégrante de l'œuvre elle-même. Le travail de damasquine est si achevé, que les arabesques sont plutôt « peintes » en or que rapportées métalliquement dans les creux par un second artiste, indépendant du fondeur. Nous regrettons que la simple gravure ne puisse donner qu'une idée imparfaite du travail merveilleux que nous pourrions admirer seulement sur l'original.

Une visite dans une collection de bronzes de l'Extrême-Orient sera plus profitable du reste que toutes les pages que nous pourrions écrire sur ce merveilleux art d'incrustation des œuvres chinoises. Il suffit que l'œil ait perçu une fois cette sensation à la fois brillante et veloutée que donne l'examen d'un bronze de la belle époque, pour qu'il en reste éternellement frappé.

Et maintenant, un regard en arrière pour examiner une des époques les plus curieuses et les moins connues peut-être de l'art du bronze en Chine. On se figure trop volontiers le vieil empire du Milieu comme une contrée mystérieuse, qui, depuis des siècles et des siècles, naît, vit et meurt isolée du reste du monde, enfermée dans la colossale enceinte de ses hautes murailles mongoles, l'entourant comme d'une impénétrable fortification. Il n'en est cependant point ainsi. En dehors de l'influence indienne représentée par l'importation du bouddhisme et des doctrines de Çakya-Mouni, la Chine, dès les temps les plus reculés, a subi des influences multiples qu'a fort heureusement fait ressortir M. Paléologue dans son beau travail déjà cité. De la Chaldée, de l'Inde, de l'empire Romain, des pays arabes, de la Perse et de l'Europe elle-même, la Chine a reçu successivement des impulsions plus ou moins puissantes, dont on retrouve les traces sur ses monuments et sur ses œuvres d'art, et en particulier sur les œuvres de l'art du bronze, qui nous occupe seul ici. La damasquine,

Brûle-parfums. Bronze chinois.

par exemple, n'était point connue en Chine aux temps primitifs. Par qui fut-elle importée? Mystère. Par les Arabes?

par les bouddhistes? par quelque artiste de l'empire d'Orient peut-être, élevé à cette artistique cour de Byzance, qui, au douzième siècle, et bien avant, envoyait à l'Italie ses ouvrages richement ornés? La damasquine était du reste, depuis les époques les plus lointaines, cultivée chez les peuples de l'Orient, témoin les statuettes de bronze égyptiennes dont on peut admirer de très beaux spécimens au Louvre et dont nous avons parlé précédemment.

L'art arabe eut entre tous une influence considérable sur l'évolution de l'art en Chine, à partir de la conquête mongole. La Chine, fermée jusqu'alors, ou à peu près, au grand courant asiatique, s'ouvrit tout à coup comme par enchantement, et ce fut à la cour de l'empereur Koubilaï-Khan, à Pékin, un spectacle des plus étrangement curieux. Un chapitre du récit de Marco Polo nous décrit cet assemblage disparate de représentants de tous les pays du globe, venant des confins les plus éloignés de l'Asie, comme des rives de l'Adriatique et de la mer Tyrrhénienne. C'est à ce moment, que des changements considérables se produisent dans les formes et dans les ornements. Aux caractères thibétains des vases taoïstes, succèdent les gracieuses arabesques de l'écriture islamique, qui forment eux seuls, artistement distribués, de si délicats sujets décoratifs. En même temps le col s'allonge et s'élargit, la panse s'aplatit, des formes entièrement nouvelles surgissent. Elles y sont demeurées, car, ne l'oublions pas, les Mahométans forment encore, dans le nord de la Chine, le tiers de la population.

Les œuvres de style arabe ne sont donc point en Chine une exception, témoin encore ces admirables instruments astronomiques conservés à l'Observatoire de Pékin, construits, vers la fin du treizième siècle, par des astronomes arabes appelés par l'empereur Koubilaï-Khan.

Les pays bouddhiques de l'Asie possèdent à l'imitation

de la Chine le culte du bronze. Cloches aux panses curieusement historiées, gongs aux inscriptions serrées, statuettes de divinités aux attitudes étranges, bouddhas colossaux en méditation dans les profondeurs des sanctuaires, se retrouvent dans les contrées voisines de la Chine. L'Annam et le Tonkin nous en ont récemment offert de curieux et très remarquables spécimens. Le grand Bouddha en bronze noir à Hanoï, dont le moulage était dressé au milieu de la cour du Palais de l'Exposition Universelle de 1889, est l'une des œuvres les plus intéressantes de l'art du bronze en Extrême-Orient.

Cette statue colossale se trouve près du grand lac de Hanoï, dans le sanctuaire obscur d'une pagode historique; on ne peut la voir qu'à la lueur de chandelles fumeuses, encore est-elle en partie couverte par trois robes superposées, dues à la munificence des rois. Ce génie est à Hanoï l'objet d'un double culte; les Chinois l'ont en grande vénération et ne se méprennent pas sur son origine et son identité. Ils viennent l'implorer et le consulter. Quant aux Annamites, tout en conservant le souvenir de l'origine chinoise du *Sombre Guerrier*, — Tran-Vu, — ils en ont fait un génie annamite, le génie national, le palladium de la vieille cité tonkinoise.

Les rois d'Annam ont toujours manifesté la plus grande dévotion à Tran-Vu. Aussi, lorsque, à la fin du siècle dernier, les rebelles Tay-Son s'emparèrent de Hanoï, voulurent-ils détruire la statue de bronze noir. Ils incendièrent le village au milieu duquel se trouvait la pagode, qui fut miraculeusement préservée des flammes. Ils attachèrent ensuite à la statue un grand nombre de cordes sur lesquelles tiraient des centaines d'hommes; la statue poussa un rugissement et les sacrilèges furent frappés de mort.

M. Dumoutier, inspecteur des écoles du Tonkin, nous

apprend que le colossal bouddha d'Hanoï est un des plus anciens génies des Chinois; on retrouve des traces de son culte dans les annales remontant à l'empereur Hoang-ti, 2500 ans avant Jésus-Christ!

Abandonnons la Chine. L'esquisse, même rapide, que nous avons tracée de son art du bronze, suffirait déjà amplement à nous faire connaître l'immense développement pris par les applications du « premier métal » dans l'Extrême-Orient. Le Japon va toutefois nous initier à un art plus remarquable encore, si possible, à la fois délicat et colossal.

XVI

LE BRONZE CHEZ LES JAPONAIS

Comme la Chine, et plus qu'elle encore, le Japon est le vrai pays du bronze. Aucun peuple n'a poussé aussi loin l'amour des représentations métalliques colossales. Aucune œuvre de la statuaire antique n'approche, au point de vue des proportions, de ces effrayantes divinités du culte du Bouddha, cachées derrière un triple voile dans les sanctuaires du Japon. Le colosse de bronze du temple de Nara, première résidence des empereurs japonais, ne mesure pas moins de 26 mètres de hauteur. Debout il atteindrait 42 mètres, presque la hauteur, à 3 mètres de différence, de la colonne Vendôme!

Aussi bien cette œuvre, unique au monde par sa grandeur, appartient aux premières années du développement de l'art du bronze au Japon. Les procédés de fonte encore en usage aujourd'hui ont en effet été importés par les Chinois au sixième siècle, et c'est vers l'année 739 que l'empereur Shioumoun fait fondre le grand Bouddha, sur les indications de deux prêtres bouddhiques venant de Siam et des contrées méridionales de l'Inde. Une description, si complète qu'elle fût, ne saurait donner la plus petite idée de l'impression de grandeur et de force dont le visiteur se sent frappé, lorsque le colosse de Nara lui apparait subitement, la main gauche reposant sur les jambes repliées, la droite élevée dans une attitude de bénédiction, la face énorme resplendissante de sérénité sous son immense nimbe d'or.

« Le Dieu est assis sur les fleurs symboliques du lotus ; il semble abîmé dans la contemplation de l'absolu : la main droite est ouverte et levée, la gauche étendue et appuyée sur le genou, la paume en dehors. Les plis tombants de la robe sont d'une ampleur et d'une souplesse qui rappellent la Grèce ; la construction du corps, par grandes masses, est d'une magnifique ordonnance ; le dessin, d'une correction sévère ; le geste, qui est presque un bénissement, exprime le détachement des choses humaines, l'oubli de tout ce qui peut troubler le calme de l'âme. La sérénité d'une insondable rêverie, une majesté surhumaine, revêtent toute la figure d'une inexprimable grandeur. Plus encore que la taille matérielle, ce caractère de force concentrée et de tranquillité frappe l'imagination des visiteurs.

« En même temps qu'elle est la plus vénérable par la date, cette représentation du Bouddha est la plus belle qui existe. Quelques chiffres auront leur éloquence. La hauteur totale du colosse, sans le piédestal, est de 26 mètres depuis la base de la fleur jusqu'au sommet du nimbe. Si l'on compte les rayons qui entourent la tête, on arrive à une élévation de plus de 30 mètres. Debout, la figure seule atteindrait la hauteur formidable de 42 mètres ! La tête a 6 mètres de haut, l'œil 1 mètre de diamètre ; la poitrine a 7 mètres d'épaisseur. Le nimbe, sans les rayons, a environ 47 mètres de circonférence, et il porte seize divinités assises qui ont chacune près de 3 mètres. Le doigt du milieu de la main a 2 mètres de long. La fleur de lotus a cinquante-six pétales de 3m.50 de haut chacun sur deux de large. Cette fleur a la dimension d'un cirque, dit M. Théodore Duret dans son *Voyage en Asie;* en faire le

Le Daibouts colossal de Kamakoura. Bronze japonais. (Page 226.)

tour est un petit voyage. Les amateurs de statistique ont même compté le nombre des boucles qui ornent la tête : il y en aurait, paraît-il, neuf cent soixante-six[1]. »

Le colosse de Nara, fondu à Sitaraki, province d'Oumi, n'exigea pas moins de 450 000 kilogrammes de bronze. La dépense en fut couverte par une quête faite dans toute l'étendue de l'empire. Le fondeur y fit entrer, dit-on, le premier or qui venait d'être découvert au Japon. De fait, l'analyse donne environ un demi-millième du précieux métal, dont voici la composition exacte :

Cuivre	980,750
Zinc	16,800
Mercure	1,950
Or	0,500
	1000,000

La statue entière renferme donc 225 kilogrammes d'or. Encore un chiffre : d'après les anciens livres japonais, on a calculé qu'il a fallu environ 3000 tonnes de charbon, trois cents de nos wagons actuels, pour l'opération de la fonte.

Les divinités de cette taille ne se rencontrent évidemment pas dans tous les temples bouddhiques, aussi bien dans l'Inde qu'au Japon ; il n'est cependant point fort rare de se trouver en face d'œuvres qui, pour n'avoir point les dimensions véritablement colossales de la statue de Nara, n'en ont pas moins une allure déjà fort respectable. Tel le Bouddha que possède M. Cernuschi et qui est la pièce capitale de sa belle collection. Bien que ne mesurant que 4 m. 50 de la base de la fleur au sommet du nimbe, debout il aurait une hauteur de 9 mètres ; son aspect est plein d'une religieuse grandeur. Ses dispositions sont

1. Louis Gonse, *L'Art japonais*. Bibl. de l'enseignement des Beaux-Arts. Quantin, éditeur.

analogues à celles du colosse de Nara. « Le mouvement est le même, il est d'un calme et d'une élégance suprêmes; la tête est empreinte d'une suavité et d'une douceur presque tendres que l'on ne retrouve ni dans le Daïbouts de Nara, ni même dans celui de Kamakoura. » Rapporté de Mégouro par M. Cernuschi, ce bouddha date de la fin du dix-huitième siècle.

Le colosse de Kamakoura date d'une époque plus rapprochée que celle où fut élevé le daïbouts de Shiou-moun. Il a été fondu en effet au cœur du douzième siècle, à l'apogée de la belle époque du bronze. Comme grandeur et comme majesté, il égale, ou à peu de chose près, le colosse de Nara. La tête n'est point nimbée; les deux mains sont posées sur les genoux. La statue de Kamakoura n'est point abritée sous un temple; son sanctuaire primitif a dû être brûlé. Le colosse surgit en pleine campagne entouré par la végétation qui lui fait un étrange piédestal de verdure. L'effet est peut-être encore plus saisissant qu'à Nara.

Ne sortons point des œuvres colossales des artistes japonais sans citer la grande cloche de Tokio, située dans le quartier de Siba, et que plusieurs hommes parviennent à grand'peine à embrasser. D'autres cloches semblables existent en divers points du Japon.

Il nous serait difficile de suivre, dans un cadre restreint comme celui que nous nous sommes imposé, l'histoire de l'art du bronze au Japon, entre la période que nous venons de quitter, caractérisée par l'œuvre maîtresse de Kamakoura, et le dix-septième siècle, qui vit, avec le dix-huitième, la Renaissance et ensuite le plus grand développement de la sculpture en métal au Japon. Disons seulement que les bronzes du dix-septième siècle se distinguent par une intensité d'expression et de vie véritablement étonnantes, par une douceur et en même

La cloche colossale de Tokio. (Japon.)

temps une robustesse de modelé uniques, par une patine d'une délicatesse longuement étudiée.

La collection de M. Cernuschi renferme nombre de pièces de premier choix : des brûle-parfums, des animaux, des vases de temples, des statuettes de philosophes, et entre tous, le célèbre chat accroupi, zébré de longues taches d'or, et un crabe monumental, tous deux d'une intensité d'expression vraiment étonnante. Le brûle-parfums que possède M. Abraham Camondo, deux chimères affrontées soutenant une sphère, fondu en 1673 à Hikoué, peut être mis en face de nos plus belles œuvres du grand siècle, de même que la coupe en bronze de M. Alphonse Hirsch. M. Louis Gonse, dont la compétence est indiscutée, classe par la pensée ce magnifique spécimen de la sculpture métallique japonaise au musée du Bargello de Florence, « entre une statue du Verocchio et un bas-relief de Cellini ».

Nous arrivons au dix-huitième siècle, soit à la dernière période d'épanouissement de l'art au Japon. Il va décroître ensuite rapidement, aux mains d'ouvriers d'une surprenante habileté cependant, mais dont le sentiment artistique n'est plus à la hauteur de leurs grands devanciers. Mais quel éclat avant de s'éteindre! Les productions de Seïmin, Tôoun, Teïjio, Keïsaï, Sômin, Tokousaï, sont aujourd'hui introuvables. Un de ces grands artistes, Seïmin, peut à lui seul faire juger de l'incomparable talent de ses contemporains; Seïmin, que l'on a avec raison appelé le Michel-Ange des tortues. En dehors de ses bronzes de plus grande dimension, Seïmin s'est adonné en effet d'une façon toute spéciale à la reproduction d'une fidélité sans reproche des tortues, étudiant avec une attention et une patience vraiment admirables la vie si peu mouvementée de ces tranquilles animaux, et trouvant cependant, pour chacune des phases de leur triste existence, des attitudes d'une originalité et d'une vigueur pleine d'exactitude. Les dragons de Tôoun, tordus d'une main puissante autour des vases ou des brûle-parfums, sont célèbres au même titre que les tortues de Seïmin.

Il nous resterait encore à parler des procédés de fonte employés par les Japonais. Ils sont identiques à ceux que nous employons nous-mêmes. La cire perdue est le « grand secret » des Japonais : on voit donc qu'au fond le secret du bronzier de l'extrême-Orient n'existe que dans l'imagination de quelques critiques. Si secret il y a, il ne saurait être que dans l'extrême et laborieuse patience de l'artiste, à la fois sculpteur et fondeur, ne prenant une pièce qu'avec la ferme intention de ne la laisser que complètement achevée, sans s'occuper du temps qu'il passera à terminer son œuvre.

Un écrivain de talent, M. Falize, qui connait le Japon et a pu apprécier le génie de ses artistes, définit ainsi, en quelques lignes d'une justesse parfaite, le rôle du fondeur japonais.

« Ce que j'admire, dit M. Falize, dans l'œuvre de l'artiste japonais, ce n'est pas la difficulté du détail vaincue, les arêtes des vagues, les griffes des monstres et toutes les fines délicatesses du bronze, c'est le respect du modèle, c'est l'absence des retouches, la fidélité du bronze à reproduire la cire. Nous connaissons la fonte à cire perdue bien plus en théorie qu'en pratique, et ce n'est que par l'entente parfaite du sculpteur et du fondeur qui moule, qu'on en pourrait ressusciter le savant emploi. C'est ainsi que peut être conservée inaltérée l'expression que l'artiste donne à la matière molle, le doigté, qui est à la cire ce qu'est au papier le trait de crayon. Le ciseau qui taille le marbre, le ciselet qui reprend le bronze, sont des outils de seconde main qui détruisent ou altèrent la pensée du maître. N'eussent ils que le mérite de savoir remplacer par le métal fluide la cire qu'ils ont modelée, les bronziers du Japon seraient bien supérieurs aux nôtres. »

Abandonnons maintenant le « grand bronze » japonais, l'œuvre de poids, dont les dimensions n'excluent du reste point l'élégance, et jetons un regard sur cet art minuscule qui a été pour nous, il y a quelque trentaine d'années, une véritable révélation. Le public regarde encore, hélas ! avec indifférence, ces collections de petites merveilles que nous envoient à profusion les bronziers du Japon : gardes de sabre ou de poignard, fermetures de bourses ou kanémonos, boutons de métal ou netzkés, coulants qui servent à maintenir les cordonnets d'une boîte, et qui, s'ils sortent des mains d'un maître, sont des chefs-d'œuvre au même titre que les œuvres les plus colossales, tout comme un tableau de dix centimètres de hauteur d'un maître flamand peut surpasser de cent coudées l'énorme fresque d'un artiste.

Nul plus que le Japonais n'a traité avec autant de sûreté et à la fois de désinvolture les mille et mille petits sujets qui forment le fond des œuvres minuscules du bronze. Examinez par exemple telle garde d'épée; dans cet espace relativement restreint, le ciseleur a su donner tout d'abord au bronze les reflets les plus divers, allant du gris argenté au beau violet le plus foncé. Il n'a négligé aucun des détails les plus minutieux du sujet qu'il s'est imposé de traiter : s'il représente par exemple, comme dans une garde célèbre, deux serpents enlacés, soyez assurés qu'aucune courbure de chacune des nombreuses écailles ne lui aura échappé. La torsion du corps, l'expression de la tête, le flamboiement de l'œil, rien n'a été ni oublié, ni négligé. La garde aux serpents enlacés, qui appartient à M. Alphonse Hirsch, est signée du reste du nom d'un grand artiste du Japon,

Nagayouki; elle est en shakoudo, ou bronze d'or à patine violette.

Voyez encore la garde aux dragons affrontés, appartenant à M. Louis Gonse. L'expression des têtes, la flexibilité incroyable des échines, le mouvement de torsion des extrémités, donnent l'illusion complète de la vie. Ce beau morceau de ciselure japonaise, signé Séidzoui, est en shibouitshi, ou bronze d'argent à patine grise.

Nous ne nous arrêterons pas plus longtemps sur les gardes d'épée. Chaque collection qu'il nous est loisible de visiter en renferme par centaines. Toutes n'ont évidemment par la haute valeur artistique des deux spécimens que nous venons de signaler, chefs-d'œuvre de deux artistes illustres; tous cependant sont dignes d'être admirés ou tout au moins examinés avec soin.

En même temps que le fini des formes et que l'élégance des contours, ce qui vous frappe d'étonnement au premier regard jeté sur une collection japonaise, c'est la diversité et l'éclat des colorations dont les artistes ont su revêtir le métal. Ici ce sont des fleurs aux corolles bleuâtres, aux pétales d'or, aux feuilles argentées, mariées avec un goût exquis. Ces couleurs, qui ne sont autre chose que la patine des bronzes spéciaux, sont d'une uniformité, d'un velouté à désespérer un bronzier européen. Souvent, comme dans une garde appartenant à M. Montefiore, le sujet qu'a choisi le ciseleur, des fleurs semées sur le côté droit se détachent sur un bronze à patine violemment colorée, du bronze rouge par exemple.

La garde n'est point la seule pièce de l'épée ou du poignard sur laquelle l'artiste japonais exerce son talent de ciseleur et d'artiste. En dehors de la garde, le sabre japonais se compose de diverses pièces, qui forment autant de prétextes à ciselure. La monture d'un sabre est formée en effet : d'un pommeau en métal, d'une poignée droite dans laquelle est inséré la fusée de la lame, d'un rond de métal terminant la poignée, d'une garde en forme de rondelle plus ou moins saillante, d'un fourreau le plus souvent en bois laqué, dont l'extrémité est garnie d'une petite applique de métal faisant pendant au pommeau, et enfin d'un anneau de métal fixé au côté, qui sert à passer les lanières de soie qui retiennent le sabre à la ceinture. Souvent, un ou deux petits couteaux à lame d'acier, les *Kodzoukas*, aux manches richement ciselés, sont engagés dans les côtés du fourreau.

Toutes ces pièces si diverses présentent des ciselures souvent très remarquables, le plus souvent en bronze. Les ciselures en fer n'ont guère été usitées que jusqu'au dix-huitième siècle.

Le sabre n'offre du reste point seul matière à décoration métallique. Innombrables sont les encriers, les théières, les boites à onguent, les brûle-parfums, les cuillères, les épingles, agrafes, boîtes à tabac, vases de toute forme et de tous dessins, unis ou ciselés, qui offrent au ciseleur japonais ample matière à exercer son talent et sa patience. Si vous voulez aimer le Japon, entrez dans un musée, simplement même dans un magasin, et plongez-vous, pendant une heure ou deux, dans ce fouillis élégant des bibelots les plus divers, où vous trouvez en même temps la satisfaction des yeux et celle de l'intelligence; vous en sortirez certainement japonisé et même japonisant. Qui a touché un bibelot japonais arrive vite à les apprécier et à les aimer.

Nous n'avons point encore dit par quels procédés curieux les artistes japonais arrivaient à la coloration de leurs ouvrages de bronze, ou plutôt, quels étaient leurs bronzes colorés spéciaux, les patines colorées étant connues de longue date en Europe. Nous avons nommé deux bronzes de couleur, le shakoudo et le shibouitshi. Définissons-les.

Le *shakoudo* est un bronze d'or et le *shibouitshi* un bronze d'argent, dans lesquels la proportion de métal précieux varie suivant le degré de coloration que l'artiste désire donner à son alliage. Le shakoudo à titre élevé se couvre par l'oxydation d'une patine d'un beau violet foncé, tirant sur le bleu, et devient susceptible de prendre le poli d'un miroir; le shibouitshi est d'un gris argenté très fin. Dans le premier de ces métaux, la proportion d'or peut varier de trois à vingt pour cent; dans le second, l'argent peut atteindre trente, quarante, et même cinquante pour cent. Le shakoudo a cette curieuse propriété, lorsqu'il a perdu sa patine par suite du frottement, de la reprendre en restant abandonné à l'air. L'analyse chimique révèle aussi la présence d'étain, de zinc, d'argent, de plomb, de fer et d'arsenic en petites quantités.

Ces deux alliages sont essentiellement propres aux travaux d'incrustation. Rien n'est plus opulent d'aspect que le shakoudo associé à des reliefs d'or et d'argent. C'est un superbe métal dont l'usage appartient exclusivement au Japon. L'incrustation se fait à froid, sans soudure, au moyen du marteau, dans des réserves dont les bords sont légèrement rentrants; le métal incrusté tient comme un plombage dans une dent; puis le modelé des reliefs s'obtient dans la masse du métal par le burin et le polissoir. Dans les pièces bien exécutées, il est impossible de voir la juxtaposition des métaux, même à la loupe : la netteté des jointures tient du prodige. Généralement, l'or et l'argent sont réservés pour le modelé des chairs, des fleurs et en général de toutes les parties claires. L'or est lui-même de plusieurs tons; il y a des gammes d'ors verts, jaunes et rouges dont les Japonais font un merveilleux usage[1].

Il nous resterait encore, avant de clore cette rapide monographie de l'art du bronze au Japon, à citer quelques

1. Louis Gonse. *L'Art japonais*. Bibl. de l'Ens. des Beaux-Arts.

noms parmi les plus célèbres dans la grande pléiade des fondeurs et des ciseleurs qui illustrèrent la fin du XVIIIe siècle et la première moitié du XIXe siècle.

Citons quelques noms : Masanori, Foussamasa, Takanori, Mounémitsou, Mounénori, Seïdzoui, Harounari, Kouniһèro, Nagatsouné, Tomoyoshi, Teïkan, Jôhi, etc.... Le nombre de ces grands artistes est du reste illimité. Sur les coulants, sur les netzkès, sur les kodzoukas, se lisent les signatures de Tomotoshi, Shiourakou, Temmin, Shiômin, Yakoushinsaï, qui ont laissé derrière eux tant de chefs-d'œuvre.

L'art japonais est aujourd'hui, comme son grand voisin, l'art chinois, en décadence. Les produits qui inondent les marchés européens, et en particulier les bronzes, n'ont souvent d'autre valeur que l'originalité de leurs formes étranges. L'art du bronzier a subi une transformation ; la patience qui formait le fond du caractère de l'artiste, qui lui permettait de passer souvent de longs mois à l'exécution d'une pièce qui pouvait servir de bouton de tunique ou de coulant de blague à tabac, cette patience s'est subitement transformée en désir de production immodérée pour l'exportation européenne. La révolution de 1868 qui bouleversa le vieux Japon de fond en comble et à la suite de laquelle les anciennes mœurs firent place à une civilisation copiée sur la nôtre, dans laquelle le veston remplaça la riche tunique brodée d'or, et le coupe-chou fit abandonner le sabre aux merveilleuses ciselures, porta le dernier coup à l'art du bronze. Certains artistes ont encore conservé les traditions du grand art, mais ils sont en bien petit nombre, et leurs œuvres sont d'une prodigieuse rareté.

XVII

LES GRANDS BRONZES HISTORIQUES

Le bronze est le métal historique par excellence. Les places publiques, les monuments, les nécropoles de tous les pays et de tous les âges, l'attestent surabondamment, et, après ce que nous avons dit dans les précédents chapitres, il est inutile d'appuyer davantage sur cette constatation. Mieux que le marbre, que détruisent les injures du temps, mieux que les métaux précieux, que ne respecte point l'avidité du conquérant, il sait immortaliser les traits qu'il a eu la mission de fixer dans ses plis rigides. Considérez une statue de bronze antique, que des siècles accumulés ont déjà balayé de leur souffle et de leurs intempéries, qui souvent a vu passer à ses pieds les flots mugissants des invasions, le profil en est aussi net, la patine aussi brillante qu'au jour où l'œuvre est sortie, chaude encore et resplendissante, du moule du fondeur. Pour entamer le bronze, il faudra le briser violemment à coups de marteau ; pour le détruire il faudra le jeter de nouveau au creuset, et, encore, sera-t-il toujours prêt à revêtir une forme nouvelle. Aucune désagrégation, comme cela fut survenue au marbre ; aucune parcelle du précieux métal n'aura pu être pulvérisée et perdue aux quatre vents du ciel.

C'est cette précieuse propriété de « l'immortalité » du bronze qui l'a fait choisir par tous les peuples pour les représentations de leur histoire et pour celle des hommes dont ils ont jugé digne de conserver le souvenir. Les dieux

Le Néron à cheval du musée de Naples.

colossaux de l'Inde, les bouddhas gigantesques de la Chine et du Japon, sont en bronze. En bronze, le Marc Aurèle de Rome, que le temps a aujourd'hui dévêtu de sa couche d'or; en bronze la superbe statue équestre de Néron conservée au Musée de Naples, et ce buste de Sénèque, au masque si artistiquement fouillé, découvert dans les fouilles d'Herculanum ; en bronze le célèbre *Silène* de Pompéi, et cette élégante *Gazelle* d'Herculanum, que l'on croirait

Sénèque, bronze trouvé à Herculanum.

modelée par l'un de nos animaliers modernes; en bronze, le Cosme de Médicis de Florence, et le Bartolomeo Colleoni de Venise, et le Gattamelata de Padoue. En bronze, le Henri IV du Pont-Neuf et l'Étienne Marcel de l'Hôtel-de-Ville, la statue de la République et la légendaire colonne de la Grande-Armée, rappelle à tous la mémoire d'un homme célèbre ou celle d'un haut fait de la vie des peuples.

En dehors de sa solidité même et de son indestructibilité, le bronze est dans la statuaire, spécialement dans

Gazelle de bronze, trouvée à Herculanum.

celle qui est destinée à l'ornement extérieur, aux places publiques, bien supérieur aux autres matériaux qui peuvent lui être opposés, au marbre principalement. Le bronze tout d'abord est à la portée de tous. Nul besoin, pour exécuter une statue ou un monument quelconque, de posséder près de soi les carrières du Pentélique ou du mont Hymète,

Le *Silène* en bronze de Pompéi.

de Paros, de Lesbos ou de Chio, d'où sortirent les Propylées et le Parthénon. Quelques charretées de cuivre et d'étain, mieux que cela encore, des rognures de vieux métal usé par le travail de la machine, suffiront pour créer une œuvre impérissable. Le bronze est avant tout d'un usage pratique, obéissant docilement aux moindres exigences de l'artiste qui lui confiera le soin d'interpréter sa pensée.

Aussi n'est-il guère, sur toute l'étendue du monde civilisé, une ville, si modeste qu'elle soit, qui ne possède sa statue de bronze, depuis le colossal et imposant monument équestre jusqu'au simple buste ou au médaillon encastré dans une pyramide funéraire. Nous avons rappelé dans un précédent chapitre, le nombre véritablement prodigieux de statues de bronze élevées en Grèce ou à Rome, à tel point que les triomphateurs pouvaient en traîner des centaines derrière leur char, et que Constantin, lorsqu'il transporta l'empire à Byzance, put en placer près de sept cents dans la seule basilique de Sainte-Sophie ; nous ne sommes guère moins prodigues de bronzes que nos ancêtres, et nos places publiques attestent que la « belle époque du bronze » n'a point encore fermé son cycle. A Saint-Pétersbourg ou à Vienne, à Paris ou à Bruxelles, à Munich, à Londres, à New-York ou à Iokohama, le bronze fait partie intégrante de la décoration des cités modernes.

Partout, l'histoire est écrite, pour le peuple qui la contemple à tout instant, dans les monuments qu'ont jetés et coulés en bronze l'artiste et le fondeur. Là-bas, dans les neiges du Nord et les brouillards de la Néva, le dur et sauvage fondateur de l'empire russe, de son geste hautain, semble commander encore aux ouvriers, qui sur son ordre, firent sortir d'un marais empesté une ville merveilleuse, aujourd'hui l'une des reines du monde. Plus près de nous, c'est un autre souverain, le grand Frédéric, dont le masque fin et narquois détone si étrangement dans le cadre du nouvel empire allemand.

Par delà les Alpes, le fondateur, le premier roi de l'Italie actuelle, est reproduit cent et cent fois, sur toutes les places des villes les plus infimes, côte à côte avec Garibaldi. L'histoire moderne est partout écrite sur le bronze, comme l'était l'histoire antique sur les œuvres qui sont parvenues jusqu'à nous.

Certaines cités même — et Paris est de ce nombre — racontent par le bronze leur existence tout entière, aussi bien celle de leurs hauts faits militaires que celle de leur développement littéraire, artistique et politique. Ici, sur le parvis Notre-Dame, la colossale statue équestre en bronze élevée à la gloire de Charlemagne nous rappelle les premiers siècles de notre histoire, les épopées d'Olivier et de Roland, les capitulaires et les champs de mai, le règne de cet empereur colossal, « prince prodigieux » dit Montesquieu, « moitié de Dieu » dit Hugo. Plus loin, sur la place des Pyramides, c'est, au lieu de la face majestueuse du souverain franc, la douce et poétique figure de Jeanne, nous rappelant, elle aussi, l'une des époques les plus glorieuses et les plus attachantes de notre histoire nationale. Voici « le bon roi Henri », le roi de la poule au pot, et, là-bas, tout au fond d'une voie droite et longue, le roi-soleil. Quatre figures, quatre points culminants de l'histoire de notre France, sa fondation, sa délivrance, sa gloire.

Voici, encore reproduite par le bronze, l'histoire résumée de notre littérature, de notre art, de notre éloquence : Molière, Pascal, Voltaire et Diderot, et, plus près de nous, Lamartine, Béranger, Alexandre Dumas, dans les lettres, la philosophie, les sciences. Voici, dans la musique, Berlioz; parmi les médecins, Claude Bernard, Larrey, Bichat; et, enfin, planant sur eux tous,

Gutenberg, le premier imprimeur, le grand vulgarisateur de la pensée humaine. N'oublions pas Bernard Palissy, cette autre gloire de l'art français; l'abbé de l'Épée, Valentin Haüy, le docteur Pinel, trois bienfaiteurs de l'humanité.

On pourrait faire tout un cours d'histoire avec les bronzes de la ville de Paris. Napoléon aux Invalides, la colonne de la Grande-Armée place Vendôme, le monument du général Moncey place Clichy, la statue du maréchal Ney à l'Observatoire, nous rediraient la grande épopée du premier empire, l'apogée de sa gloire, les jours ténébreux de ses défaites. Plus modeste, le buste en bronze d'Henri Regnault dans la cour de l'Ecole des Beaux-Arts nous rémémorerait les jours lointains déjà du siège de Paris en 1870. Quel chemin parcouru entre le monument du parvis Notre-Dame et celui de la place du Château-d'Eau, entre Charlemagne, « l'empereur à la barbe fleurie »...

Quand ils sortent, tous deux égaux, du sanctuaire,
L'un dans la pourpre, et l'autre avec son blanc suaire,
L'univers ébloui contemple avec terreur
Ces deux moitiés de Dieu, le pape et l'empereur!...

et le monument du *Triomphe de la République* de Dalou. Dix siècles, et davantage, racontés par deux monuments, symbolisés dans deux bronzes, que complète cette œuvre plus modeste dans ses proportions, le *Gloria victis* de Mercié, tout d'amer souvenir et de joyeuse espérance. L'histoire de France, l'histoire de Paris tout entière!

Comme les hauts faits qu'ils représentent, les bronzes ont leurs annales, mouvementées comme les époques qu'ils rappellent, parfois même tragiques. Telle cette statue de Louis XV, qui ornait jadis la place de la Concorde, et qui fut dépecée dans un jour de fureur populaire. Telle — qui l'ignore aujourd'hui? — la colonne de la Grande-Armée,

> Sublime monument, deux fois impérissable,
> Fait de gloire et d'airain...

jeté bas sous la Commune de 1871, et reconstruite ensuite dans ses dimensions primitives. Tels, plus éloignés de nous, ces nombreux bronzes dont est jonché le lit du Tibre, précipités du haut des ponts de Rome par les Barbares, et que l'on retrouve un à un, bossués et martelés, portant encore, sur leurs faces immobiles, les fiers stigmates des vaincus. Le poète l'a dit : *Sunt lucrymæ rerum.* Ces bronzes nous racontent à eux seuls l'histoire de toute une époque et de tout un peuple. Nous ne pourrions donc mieux fermer notre volume que par un résumé, si court qu'il puisse être, des « gestes » du bronze, principalement de ceux que nous voyons constamment et dont nous avons esquissé plus haut la répartition sur nos places publiques.

Honneur au plus vaillant! Regardez la *Jeanne d'Arc* de la place des Pyramides. Merveilleux « petit bronze », délicat et frêle comme la vierge héroïque qui l'a inspiré. On connaît peu en général l'origine pieusement patriotique de cet élégant monument, situé place des Pyramides, sur l'emplacement même des remparts où la célèbre héroïne monta à l'assaut. On se rappelle du moins le fait d'armes, tout à la gloire de la vaillante fille.

Tandis que Charles VII s'avançait lentement sur Saint-Denis, après avoir reçu sa couronne à Reims des mains de Jeanne, cette dernière, à la tête de l'armée, attaquait Paris à la porte Saint-Honoré. Un gentilhomme dauphinois, Saint-Vallier, met le feu à la barrière. Jeanne, l'étendard en avant, s'élance dans la mêlée, emporte le boulevard, passe le premier fossé et somme les assiégés de se rendre. Malheureusement, elle est blessée d'un coup d'arbalète à la cuisse, le découragement s'empare de la troupe, et elle doit abandonner le combat.

C'est ce fait d'armes que rappelle la statue de Frémiet,

Statue équestre en bronze de Jeanne d'Arc
sur la place des Pyramides.

popularisée par de nombreuses réductions. Jeanne, tenant haut l'étendard, l'épée au flanc, caparaçonnée comme un chevalier, se tient en selle sur un cheval un peu lourd d'allures, mais dont les formes pesantes font mieux ressortir encore la sveltesse de la jeune héroïne. On a reproché à la statue équestre de la place des Pyramides l'insignifiance voulue de la figure, que l'on eût désiré probablement plus poétique, disons le mot, plus hallucinée; mais rien ne prouve que Jeanne fût une hallucinée, et l'artiste, dans tous les cas, en dehors d'une œuvre absolument supérieure par sa simplicité même, s'est identifié au sentiment populaire en montrant l'héroïne sous les traits d'une jeune fille énergique et douce à la fois.

Le monument de Jeanne est dû à une souscription publique organisée en 1874. Depuis son inauguration, il est l'objet de démonstrations patriotiques au même titre que la statue de Strasbourg, et le piédestal sur lequel elle s'élève voit se renouveler souvent les couronnes et les fleurs.

Bien curieux également est le bronze du Béarnais, campé sur la terrasse du Pont-Neuf. Henri IV et le Pont-Neuf sont inséparables l'un de l'autre. Qui voit le Pont-Neuf voit Henri IV, et vice versa. L'un ne se comprend guère sans l'autre, et la statue équestre du roi de la poule au pot est un des monuments les plus populaires de toute la France. Il a cependant traversé bien des vicissitudes, et des plus bizarres, en dehors de sa destruction en 1702 et de sa réinstallation en 1814 par Louis XVIII.

Henri IV était tombé depuis quatre années déjà sous le mystérieux poignard de Ravaillac, lorsque sa veuve Marie de Médicis, prise d'une tardive admiration pour son époux, peut-être même de remords, forma le projet de lui élever une statue équestre. Cosme de Médicis envoya alors à sa parente le cheval de bronze qu'il avait commandé au célèbre statuaire français, Jean Bologne, pour la statue du duc Ferdinand. Le cheval de bronze fait une horrible traversée, et finalement naufrage sur les côtes de Normandie.

Pendant une année, il est oublié au fond de la mer, repêché et enfin ramené à Paris, où on lui hisse sur l'échine le cavalier royal. Le piédestal représentait alors quatre esclaves de bronze à genoux, les mains liées derrière le

Statue équestre en bronze d'Henri IV, sur le Pont-Neuf.

dos, œuvre de Piétro Tacca, identiques à ceux qui ornent, sur le port de Livourne, la statue du même grand-duc Ferdinand Ier par Giovanni dell' Opera.

Pendant deux siècles, le roi populaire voit passer à ses

pieds la foule bigarrée des Parisiens. En 1792, il ne trouve pas grâce devant la Convention. La statue est renversée et envoyée à la fonderie pour en faire des canons. On installe à sa place un bureau d'enrolements volontaires, et on y met également le canon d'alarme qui séjourna à cette même place pendant plusieurs années.

Ce n'est qu'en 1814 que Louis XVIII décréta la réinstallation de son aïeul sur le Pont-Neuf. On mit en place sur l'heure la maquette en plâtre d'une statue modelée par le sculpteur Lemot, et qui reproduisait, à fort peu de chose près, la statue élevée en 1614 par Marie de Médicis. Ce ne fut qu'en 1818 que la maquette fut remplacée par la statue de bronze actuelle. Les bas-reliefs qui ornent le piédestal représentent : le premier, Henri IV faisant passer des vivres aux Parisiens assiégés ; le second, l'entrée du roi populaire dans sa bonne ville de Paris. Une inscription rappelle les vicissitudes traversées par le monument et sa réédification par Louis XVIII.

Plus infortunée encore fut cette statue de Louis XIII qui ornait la place des Vosges, alors place Royale, avant 1789, et dont les ouvrages du temps nous rappellent la description. La statue élevée par Richelieu à la gloire de son pupille fut inaugurée le 27 septembre 1639. Sur un piédestal de marbre blanc, un cheval de bronze, modelé par Daniel de Volterra, élève de Michel-Ange, sur lequel était campé, le bâton de commandement à la main, Louis XIII, œuvre du sculpteur Biard. On raconte que peu de temps après l'inauguration du monument, le bâton de commandement se détacha, ce qui fut, dit-on alors, d'un fâcheux présage. Quoi qu'il en soit, lors de l'envahissement de la place Royale par le peuple, en 1789, le cavalier de bronze fut jeté bas, et la place de l'*Indivisibilité* — c'est le nom qui lui fut donné — resta veuve de son monument, jusqu'à ce que le statuaire Dupaty, sur l'ordre des Bourbons, modelât la statue en marbre, encore aujourd'hui place des Vosges.

La statue équestre de Louis XIV qui orne la place des Victoires, n'est pas moins populaire que celle de Henri IV au Pont-Neuf, ou du moins, pour parler plus exactement, n'est pas moins connue du public. D'aussi loin que le regard porte, du fond des rues qui aboutissent à la place on aperçoit distinctement la silhouette du cavalier royal, au cheval hennissant, reposant seulement sur les deux sabots postérieurs. L'œuvre de Bosio — l'auteur de la ravissante petite statuette de Henri IV enfant dont on admire au Louvre un exemplaire en argent — n'est pas exempt de grâce. Le masque hautain du roi-soleil est fort bien conçu. L'ensemble de la statue rappelle la disposition générale du célèbre Pierre le Grand de Saint-Pétersbourg. Les bas-reliefs représentent le passage du Rhin et la remise à Louis XIV, par les magistrats de Paris, d'une adresse lui conférant le titre de Grand.

De la place des Victoires à la place Vendôme, il n'y a qu'un pas. Aussi bien Napoléon, lorsqu'il voulut, en élevant la fameuse colonne, immortaliser les hauts faits de la Grande-Armée, ne fit-il que remplacer le Louis XIV du sculpteur Girardon, que la révolution avait également renversée. Des bas-reliefs de Coustou ornaient le piédestal, qui fut conservé, et qui, dans la fameuse cérémonie des funérailles de Lepelletier Saint-Fargeau, le 24 janvier 1794, reçut le lit de mort du conventionnel assassiné. La place Vendôme était devenue la place des Piques, du nom de la section voisine.

Décrirons-nous la colonne Vendôme ? Qui ne connaît son piédestal aux trophées militaires, avec ses aigles couronnant les quatre angles, son inscription populaire, rappelant que ce fut pour éterniser la mémoire de la grande guerre de 1805 que Napoléon Ier fit élever ce monument sur le modèle de la colonne Trajane. Victor Hugo a chanté en vers d'une incomparable grandeur l'épopée d'Austerlitz :

C'était un beau spectacle! — Il parcourait la terre
Avec ses vétérans, nation militaire
Dont il savait les noms;
Les rois fuyaient; les rois n'étaient point de sa taille;
Et vainqueur, il allait par les champs de bataille
Glaner tous leurs canons.

. . . .

Et puis, il revenait avec la Grande Armée,
Encombrant de butin sa France bien-aimée,
Son Louvre de granit,
Et les Parisiens poussaient des cris de joie,
Comme font les aiglons, alors qu'avec la proie,
L'aigle rentre à son nid.

Deux fois jeté bas de son piédestal, une première fois par les ennemis en 1815, la seconde fois sous la Commune de 1871, le vainqueur d'Austerlitz et d'Iéna se dresse encore sur le monument qu'il avait élevé lui-même à la gloire de ses armes.

Quelques détails sur l'exécution de la colonne Vendôme. De même hauteur et de même dimension que la colonne Trajane, elle fut élevée sous la surveillance du baron Denon, directeur général des musées. Le peintre Bugeret exécuta les dessins des bas-reliefs qui montent en spirale du piédestal au sommet, et le sculpteur Chaudet fut chargé de sculpter la statue de l'empereur. Bergeret nous a laissé une curieuse description de cette spirale de bronze, qu'agrémente du reste une anecdote intéressante.

« Les dessins mis à exécution dans ce beau et grand monument, écrit le peintre, portent 845 pieds de développement; j'en fis près de 1000 dans l'espace de quatorze mois. Ce surcroît de travail fut occasionné par des changements qu'il fallait faire, tantôt à la demande d'un prince, tantôt à la demande d'un général, d'un colonel, etc., ce qui devenait extrêmement fatigant et nous faisait perdre un temps assez considérable. Après une scène fort vive que j'eus à ce sujet avec le général Lannes, qui voulait être sur le premier plan du bas-relief, quoique rien dans le programme ne l'indiquât, il me vint la pensée de faire arrêter les compositions, qui devaient être exécutées, par

La colonne de la Grande Armée, place Vendome.

l'empereur. Je communiquai mon projet à M. Denon, qui l'adopta, et qui, effectivement, porta un jour à Napoléon une quantité considérable de ces dessins, sur lesquels il fit apposer *la griffe du lion*, ce qui mit fin à des sollicitations qu'il devenait fort difficile d'éluder. »

La colonne Vendôme, fondue avec les douze cents pièces de canon prises sur les armées russes et autrichiennes pendant la campagne de 1805, a été commencée en 1806 et terminée en 1810. Le poids du bronze qui y a été consacré est de près de un million de kilogrammes, exactement de 1 800 000 livres, disent les documents du temps. Sa hauteur est de 118 pieds, non compris le piédestal; son diamètre est de 12 pieds, sa fondation a 30 pieds de profondeur. Elle a été assise sur les pilotis établis pour la statue équestre de Louis XIV. de Girardon, qu'elle remplace.

Le piédestal, tout en bronze comme la colonne elle-même, a 21 pieds et demi d'élévation. Ses quatre faces présentent en bas-reliefs des trophées d'armes, canons, mortiers, obusiers, boulets, carabines, timbales, drapeaux, casques et vêtements militaires. Au-dessus du piédestal, et sur une espèce d'attique, se dessinent des festons de chêne, soutenus aux quatre angles par autant d'aigles en bronze, pesant chacun 500 livres. Les spirales de bronze dont nous avons parlé plus haut, représentant les hauts faits de la campagne de 1805, depuis le départ des troupes du camp de Boulogne jusqu'à la conclusion de la paix après la bataille d'Austerlitz, ont 3 pieds 8 pouces de haut, et sont séparées entre elles par un cordon sur lequel est inscrite l'action représentée dans le tableau au-dessus.

On a pratiqué dans l'intérieur de la colonne un escalier à vis composé de cent soixante-seize marches, et par lequel on monte à la galerie supérieure que surmonte une lanterne, terminée en dôme. Sur la partie de cette lanterne qui fait face aux Tuileries, on lit l'inscription suivante :

Monument élevé à la gloire de la Grande Armée, commencé le 25 août 1806, terminé le 15 août 1810, sous la direction de M. Denon, directeur général, de M. G.-B. Lepère, et de M. Goudouin, architecte.

Sur la porte de l'escalier, les deux fameuses Victoires si connues du public soutiennent une table sur laquelle se lit, en style lapidaire, l'inscription suivante :

NAPOLIO. IMP. AUG.
MONUMENTUM. BELLI. GERMANICI.
ANNO. M. D. CCC. V.
ARIMESTRI. SPATIO. DUCTU. SUO. PROFLIGATI.
EX AERE. CAPTO.
GLORIÆ. EXERCITUS. MAXIMI. DICAVIT.

La statue légendaire qui surmonte le fameux bronze de la place Vendôme, a subi plus de vicissitudes encore que la colonne elle-même. Napoléon, une première fois vêtu en empereur romain, fut jeté bas en mai 1814 par les alliés. La monarchie de 1830 replaça sur la colonne un Napoléon en redingote grise, celui que chanta Béranger.

En 1864, Napoléon III replace de nouveau le César romain, en toge et lauré. Arrive la Commune qui renverse et César et colonne. On rétablit enfin en 1872 la statue telle qu'elle est aujourd'hui, toujours en César. Quant à l'infortunée statue en redingote grise érigée à Courbevoie, au rond-point des Bergères, après son remplacement par le César romain, elle est précipitée de son piédestal et traînée à la Seine sous la Commune — ou sous le Siège. — Elle en a, dit-on, été retirée après mille efforts et replacée nous ne savons trop à quel endroit. Ceux qui, n'ayant point notre âge, n'ont pas eu la satisfaction d'admirer le grand homme tel qu'il vivait dans la mémoire de ses soldats et de ses admirateurs, n'ont du reste qu'à faire une visite à l'Hôtel des Invalides, où ils pourront voir une statue absolument identique.

Cette statue en redingote et en petit chapeau est du reste si l'on en croit la légende, d'une exactitude absolument irréprochable au point de vue du costume que portait l'empereur dans sa fameuse campagne. Lors de son exécution, le général Bertrand avait bien voulu en effet prêter au sculpteur Seurre la garde-robe de Napoléon. Le chapeau, le frac militaire, les épaulettes, la redingote à revers, les bottes à l'écuyère, les éperons d'or et même la lorgnette étaient ceux que portait l'Empereur le jour de la bataille d'Austerlitz. Le sculpteur avait même pu copier l'épée attachée au flanc de Bonaparte pendant cette journée mémorable. L'épée d'Austerlitz existe toujours; on l'a vue à l'exposition rétrospective du ministère de la guerre, à l'esplanade des Invalides. Eût-elle été perdue jamais, qu'il eût été possible de la reconstituer sur la copie exacte qu'en conservait la statue.

On raconte, au sujet de cette statue, élevée plus de vingt années après la fête d'inauguration de la colonne en 1810, une curieuse anecdocte. Pour suivre exactement la tradition historique, le gouvernement songea à fondre la statue en redingote grise avec le même métal vainqueur qui avait été employé pour la colonne. C'était bien un peu puéril, le bronze ne variant guère de composition parce qu'il a été « caressé par le souffle de la victoire »; mais enfin, coûte que coûte, il fallut trouver les cinq mille livres de bronze « historique » nécessaires à la fonte. Le fondeur était à la vérité fort embarrassé. Heureusement on se souvint qu'il restait encore à l'arsenal de Metz seize canons provenant des conquêtes faites sur les Autrichiens en 1805. Ces seize canons qui arrivaient à point furent donc traînés à la fonderie, et le Bonaparte légendaire, coulé d'un seul jet par Crozatier, dut frémir d'aise dans les plis de sa redingote de bronze dûment étranger.

Après la colonne de la place Vendôme, celle de la place de la Bastille. La colonne de Juillet, ainsi nommée parce qu'elle rappelle le souvenir des trois célèbres journées de la révolution de 1830, s'élève sur la place de la Bastille, sur l'emplacement même où la première révolution avait décidé d'édifier un monument à la Liberté, construit avec

La Colonne de Juillet, place de la Bastille.

des matériaux de la Bastille démolie. La première pierre de cette colonne fut même posée le 14 juillet 1792, par Palloy, auteur du projet, en présence d'une députation de l'Assemblée nationale, où figurait Talleyrand.

La colonne actuelle, haute de 50 m. 52 sur 4 m. 03 de diamètre, surmontée d'un chapiteau corinthien, et du génie de la Liberté, repose sur un piédestal quadrangulaire, en bronze comme l'est le monument tout entier, strié à la manière de beaucoup de sarcophages antiques, et surmonté d'un coq gaulois à chaque angle. Ce piédestal est décoré, sur la face sud, d'un lion, qui, par une heureuse circonstance, se trouve être à la fois le signe zodiacal du mois de juillet et l'emblème de la majesté et de la force populaires.

Ce lion est l'œuvre du sculpteur Barye. Au-dessus de lui, on lit l'inscription suivante, gravée en lettres dorées :

A LA GLOIRE
DES CITOYENS FRANÇAIS
QUI S'ARMÈRENT ET COMBATTIRENT
POUR LA DÉFENSE DES LIBERTÉS PUBLIQUES,
DANS LES MÉMORABLES JOURNÉES
DES 27, 28, 29 JUILLET 1830.

Le fût du monument a 23 mètres et se compose de vingt-trois tambours de bronze, de chacun un mètre de hauteur. L'intérieur de la colonne est creux et éclairé par seize gueules de lion. Un escalier de deux cent quarante marches conduit au chapiteau, où une lanterne supporte le génie de la Liberté qui s'envole en brisant ses chaînes et en secouant la lumière; le génie, œuvre du statuaire Dumont, rappelle le célèbre *Mercure* de Jean Bologne.

Sur la surface extérieure de la colonne sont inscrits les noms des cinq cent quatre combattants, tués pendant les journées que rappelle la colonne.

Commencée en 1833, sur les dessins d'Alavoine, et continuée à la mort de ce dernier, par M. Duc, elle fut terminée en 1840. La dépense totale pour la construction du monument a été évaluée à 1 172 000 francs. Le poids total du bronze est de 184 802 kilogrammes. L'alliage employé est celui dit des frères Keller.

Après les deux colonnes et le Henri IV du Pont-Neuf, l'un des monuments les plus populaires — l'un des bronzes si l'on veut — est celui qui s'élève sur la place de l'Observatoire, et qui représente le maréchal Ney. En dehors de la grande épopée historique qu'elle nous rappelle, la statue de Ney a cet impérissable honneur d'avoir été exécutée par l'un des sculpteurs les plus fameux et les plus justement célèbres de l'école moderne, François Rude, l'auteur du bas-relief de l'Arc de l'Étoile, *la Patrie en danger*.

La statue du maréchal Ney, fondue par Eck et Durand, représente le maréchal populaire dans l'attitude du commandement, sabre au clair, la bouche largement ouverte criant l' « en-avant » qui menait ses hommes à la victoire. L'attitude est pleine d'énergie, la face toute de mouvement et de surexcitation guerrière. Sur le piédestal de granit rouge, entouré d'une grille circulaire, est placée l'inscription suivante :

A LA MÉMOIRE
DU MARÉCHAL NEY, DUC D'ELCHINGEN
PRINCE DE LA MOSKOWA
7 DÉCEMBRE 1853.

Particularité curieuse, ce monument, élevé à la mémoire de l'un des héros du premier empire, fut érigé en vertu d'un décret de la seconde République. Ce fut le gouvernement provisoire qui, dans sa séance du 18 mars 1848, décida, aux termes du décret, « qu'un monument serait élevé au maréchal Ney, sur le lieu même où il avait été fusillé. »

L'inauguration se fit en grande pompe le 7 décembre 1853, date inscrite sur le piédestal. En dehors des représentations officielles, on pouvait voir, debout en face de la statue de leur aïeul, le prince de la Moskowa, général de brigade et sénateur, le duc d'Elchingen, général de brigade, et le comte Edgar Ney, fils du maréchal. Une députation d'invalides armés de lances et un groupe de vétérans du premier empire, donnaient à la cérémonie ce caractère « impérial » que n'oubliait jamais de rappeler le gouvernement de Napoléon III, grandi dans la légende encore vivante des gloires éblouissantes des campagnes de Bonaparte.

Le maréchal Ney.
Place de l'Observatoire.

Ney, dont il est inutile de redire la vie toute de victoires ou de défaites aussi glorieuses que des combats gagnés, avait, lors de la rentrée des alliés et des Bourbons fait sa soumission à Louis XVIII : « Monseigneur, avait dit le maréchal au comte d'Artois, qui précédait son frère à Paris, nous avons servi avec zèle un gouvernement qui nous commandait au nom de la France. Votre Altesse Royale et S. M. Louis XVIII, son auguste frère, verront avec quelle fidélité nous saurons servir notre roi légitime. » On cite même de lui une parole dont l'authenticité est contestée du reste. Mandé à Paris après le débarquement de l'empereur à Fréjus, Ney, qui avait reçu l'ordre de se rendre à Besançon, aurait dit à Louis XVIII : « Je me charge de vous ramener dans une cage de fer le perturbateur de l'Europe ». Quelques jours après, il est vrai, le 15 mars 1815, Ney, qui avait pu se convaincre en route du peu d'attachement de la population à la dynastie bourbonnienne, et après une conférence avec des envoyés de Napoléon, écrivait au baron Capelle, qui lui reprochait son inaction : « Je ne puis pas arrêter la mer avec la main ».

Sa proclamation à ses soldats, le lendemain même, se terminait par ces mots tant de fois rappelés : « Soldats! je vous ai menés souvent à la victoire; maintenant je vais vous conduire à cette phalange immortelle que l'empereur Napoléon conduit à Paris, et qui y sera sous peu de jours : et là notre espérance et notre bonheur seront à jamais réalisés. »

Les Cent jours, la défaite tragique de Waterloo, le retour des Bourbons suivirent à brève échéance. Ney rentre en France, et est bientôt arrêté au château de Bessonis dans des circonstances particulièrement dramatiques.

Traqué par les gendarmes qui découvrent sa retraite, — il avait été du reste dénoncé — il ouvre la fenêtre de la chambre dans laquelle il se trouvait :

« Que désirez-vous?

— Nous cherchons le maréchal Ney.

— Que voulez-vous de lui?

— L'arrêter.

— Eh bien! montez, je vais vous le faire voir. »

Le capitaine de gendarmes monte, et le maréchal, en lui ouvrant la porte, lui dit avec tranquillité :

« Je suis Michel Ney. »

Conduit à Paris, Ney fut traduit le 10 novembre devant un conseil de guerre composé de ses anciens compagnons d'armes, Masséna, Augereau et Mortier — le même qui devait tomber aux côtés de Louis-Philippe, frappé par la machine infernale de Fieschi — et présidé par Jourdan, après une admirable lettre de Moncey récusant cette triste mission. Ney, après avoir décliné, par l'organe de ses défenseurs, Berryer père et fils et Dupin, la compétence de la cour d'assises, fut jugé par la cour des pairs, qui le condamna à être exécuté, à l'unanimité, moins cinq voix.

Le 7 décembre, il fut conduit dans un fiacre avenue de

l'Observatoire. Sa réponse à la proposition qu'on lui faisait de lui bander les yeux est légendaire : « A quoi bon, dit-il, ne savez-vous pas qu'il y a vingt-cinq ans que je suis habitué à regarder en face les balles et les boulets? » Il découvrit lui-même sa poitrine, commanda le feu, et tomba en criant : « Vive la France! » comme était tombé, dans la plaine de Grenelle, son compagnon d'armes, Labédoyère.

De la place de l'Observatoire, dirigeons-nous sur l'Hôtel de ville. A la façade latérale qui regarde la Seine, se dresse, sur un élégant piédestal, la statue équestre d'Étienne Marcel, le prévôt de Paris. L'histoire tragique d'Etienne Marcel est trop connue pour que nous la racontions encore à cette place. La scène historique du 22 février 1358, où le prévôt, entouré des bourgeois de Paris, porteur du chaperon rouge et bleu — les deux couleurs actuelles de la Ville — marchèrent sur le palais, le massacre des maréchaux de Champagne et de Normandie sous les yeux mêmes du dauphin, « si près de son lit que sa robe en fut ensanglantée », la réunion des états généraux, la lutte du grand prévôt contre le dauphin, sa mort à la porte Saint-Antoine, dans la nuit du 31 juillet au 1er août 1358, sont des faits présents à l'esprit de tous.

Ce sont ces événements, dont la conséquence fut, comme a dit Guizot, d'établir « le principe du droit de la nation à intervenir dans ses affaires et à décider de son gouvernement perverti ou incapable d'y suffire lui-même » que rappelle le monument de l'Hôtel de ville, exécuté par MM. Idrac et Marquet, et confié pour la fonte à MM. Thiébaut frères.

Ne quittons point les bronzes historiques de nos places — nous parlons des bronzes nominatifs, de ceux qui retracent au souvenir de la postérité le nom d'hommes

Statue équestre en bronze d'Étienne Marcel.
à l'Hotel de Ville de Paris.

qu'a rendus célèbres quelque haut fait ou quelque œuvre de sa vie — sans faire une promenade émue au modeste monument élevé dans la cour de l'École des Beaux-Arts, à la mémoire du grand artiste, mort à Buzenval, Henri Regnault.

Il faut avoir vécu, pendant les tristes et déjà lointains jours du siège de Paris, pour se rendre compte de la stupeur que causa dans Paris, après la retraite de Buzenval, cette nouvelle : Henri Regnault a été tué. Le jeune peintre était l'une des plus grandes espérances de l'art français. Sa *Salomé*, son *Maréchal Prim*, que l'on peut voir au Louvre, le *Départ pour la Fantasia, l'Exécution à Grenade, la Sortie du Pacha*, le plaçaient déjà au rang des maîtres.

A peine les hostilités étaient-elles déclarées, qu'Henri Regnault partait comme simple volontaire, bien que sa qualité de prix de Rome le dispensât du service militaire. Toujours au premier rang, le dernier à suivre la retraite, le champ de bataille l'attirait irrésistiblement. La désastreuse journée de Buzenval venait de finir, les clairons sonnaient déjà la retraite, Henri Regnault reste le dernier, veut brûler une dernière cartouche. A peine a-t-il épaulé son arme, qu'une balle le frappe et l'étend raide mort. Balle inconsciente, égarée peut-être, qui trancha dans sa fleur cette existence enviable et glorieuse.

L'École des Beaux-Arts tint à perpétuer le souvenir du patriote et de l'artiste. En 1876, un monument fut élevé à la mémoire d'Henri Regnault dans la cour du *Figuier* ou cour du *Cloître*. Un élégant portique grec, au fronton duquel brille en lettres d'or le mot de Patrie, abrite le buste de Regnault, auquel la Jeunesse, aux traits pleins d'angoisse, offre une branche de laurier. Sur les deux colonnes qui soutiennent le fronton sont inscrits les noms des élèves de l'école, moins célèbres que Regnault, tués, eux aussi, à l'ombre du drapeau national. Le monument lui-même est l'œuvre de deux anciens camarades de Regnault, Pascal pour la partie architecturale, Degeorge pour le buste. Chapu a modelé la gracieuse statue de la Jeunesse.

C'est à un camarade de Regnault à Rome, le sculpteur Barrias, que l'on doit le monument de la *Défense de Paris*, inauguré le 12 août 1883 sur le rond-point de Courbevoie. Le groupe représente la ville de Paris, drapée dans une capote de siège à gros collet, la tête ceinte d'une couronne crénelée; de la main gauche elle tient un tronçon d'épée, de l'autre un drapeau. A ses pieds gît un soldat blessé qui charge encore son chassepot. On a dit de cet enfant de Paris, au maigre visage, que ses traits rappelaient vaguement ceux d'Henri Regnault dont nous venons de retracer l'héroïque conduite. Derrière ces deux figures, tournées vers la campagne, sont un canon et des fascines sous lesquelles se tient blottie une jeune femme, symbolisant les angoisses et les souffrances que la population parisienne a endurées pendant le siège.

Ce groupe repose sur un piédestal en granit haut d'environ 4 mètres, qui portait avant 1870 la statue de Napoléon Ier; le piédestal est entouré d'une grille de fer à hauteur d'appui.

Les deux monuments élevés sur la place du Trône et sur la place de la République sont aujourd'hui tout aussi populaires que les colonnes de la place Vendôme et de la place de la Bastille. Comme ces dernières, ils rappellent une des dates de notre histoire contemporaine.

Quand on débouche sur la place du Trône par le boulevard Diderot, on aperçoit à six mètres du sol, deux lions énormes attelés à un char. Un de ces lions mord son frein rageusement. Au-dessus d'eux, sur le char, se dresse une grande figure de la *République*, s'appuyant d'une main sur le faisceau de l'union des peuples, indiquant du geste qu'elle veut aller droit devant elle, au bout du monde, A côté d'elle se tiennent la *Justice*, une femme aux formes puissantes qui porte devant elle les attributs de la loi; puis le *Travail*, symbolisé par un écolier et un ouvrier qui prennent le chemin de l'école et de l'atelier. Derrière le char marche l'*Abondance*, sur les pas de laquelle naissent les fleurs et les fruits, tandis que des amours s'ébattent à ses pieds.

Cette composition, *le Triomphe de la République*, est l'œuvre du sculpteur Dalou. La maquette en plâtre bronzé s'élève sur la place de la Nation; l'œuvre définitive sera coulée à cire perdue par M. Bingen.

Le monument de la *Liberté*, élevé place de la République, est l'œuvre de MM. Morice frères, l'un statuaire, l'autre architecte.

Sur un socle monumental, se dresse la forte femme décrite par Barbier. Trois autres figures sont assises en contre-bas, de chaque côté du piédestal, de forme circulaire et tout en granit, ainsi que les trois statues qui l'environnent, symbolisant la *Liberté*, l'*Égalité* et la *Fraternité*. Il est élevé sur trois degrés, également de pierre. Rien de plus imposant que la colossale image en bronze du « lion populaire » debout sur un soubassement élevé de 1 mètre au-dessus du sol.

La *République* de M. Morice a 6 m. 50 de hauteur; elle pèse un peu moins de 10 000 kilogrammes et elle a été coulée d'un seul jet dans les ateliers de MM. Thiébaut, fondeurs. La tête est haute de 1 mètre à partir du sommet du front au menton, et avec le bonnet phrygien qui la coiffe, de 1 m. 40 environ. Quant aux bras, la ceinture d'un homme de taille ordinaire pourrait à peine leur servir de bracelet.

La *Liberté* porte dans la main droite une torche, emblème du progrès, et de l'autre une chaîne brisée, attribut de la délivrance. L'*Égalité*, aux traits plus énergiques, est revêtue d'une cuirasse romaine. Elle élève de la main droite le drapeau de 89, de la gauche un niveau. La *Fraternité*, figurée sous l'aspect d'une femme des champs, est assise sur une charrue; une de ses mains tient une corne d'abondance d'où s'échappent des fleurs et des fruits; deux enfants lisent à ses pieds, personnifiant l'instruction. Telles sont les statues qui complètent le groupe, tandis qu'autour du piédestal se déroulent une série de douze bas-reliefs, représentant les grands jours des révolutions de 1789, de 1848 et de 1870. parmi lesquels il convient de citer *la prise de la Bastille* et *le serment du Jeu de paume*.

Puisque nous avons parlé des héros morts au champ d'honneur en 1870, n'ayons garde d'oublier l'un des plus vaillants soldats de la France, dont la statue a été inaugurée le 2 juin 1883 à Fresne en Woëvre, le général Margueritte.

Dans la matinée du 1er septembre 1870, Margueritte, promu la veille général de division, venait de charger les Allemands en tête du 1er et du 2me chasseurs d'Afrique. Après un moment de répit, le général atteignit, vers deux heures de l'après-midi, le petit village de Floing où ses hommes furent assaillis par une grêle de balles. Au moment où le général allait commander une nouvelle charge, une balle le frappe à la tête et le jette violemment à bas de son cheval, la face contre terre. Relevé aussitôt, Margueritte, qui n'avait pas un moment perdu connaissance, remonte à cheval et, soutenu par son aide de camp et son ordonnance, rentre à Sedan. On connaît la suite. Le blessé est transporté en Belgique, au château de Beauraing, chez le duc d'Ossuna, où il meurt le 6 septembre.

Quelle existence bien remplie et toute donnée au service de la patrie! Margueritte était né en 1823 à Manheulles, près de Fresnes, dans le pays meusien d'où sont sortis Jeanne d'Arc, François de Guise, et tant d'autres. Ses parents étaient pauvres; à seize ans, l'enfant s'engage et part pour cette terre d'Afrique qu'il a si longtemps habitée et où il s'est fait une seconde patrie. Brigadier à dix-sept ans, sous-lieutenant à dix-huit, il prit part à tous les combats qui ont marqué cette période héroïque de l'histoire algérienne.

C'est au milieu de ce riant pays meusien qui l'a vu naître que s'élève le modeste monument le représentant debout, soutenu par son aide de camp et l'épée haute, semblant jeter un dernier défi à l'ennemi.

Parmi les nombreux monuments dont Paris est parsemé, s'il en est un qui se recommande surtout à l'attention des visiteurs de la capitale, c'est sans contredit celui qui a été élevé place Malesherbes, à la mémoire d'Alexandre Dumas.

Le romancier populaire est représenté assis dans un large fauteuil, en costume d'intérieur, une plume à la main. Sur le socle, Gustave Doré a placé un groupe composé d'une jeune fille lisant un livre; à sa droite un ouvrier écoute attentivement la lecture; à gauche, un jeune homme la suit des yeux. Sur la partie opposée est assis d'Artagnan, son épée nue sur les genoux. Sur les faces latérales sont inscrits les noms rappelant les œuvres principales du grand écrivain.

Avant de clore cette revue forcément incomplète des grands bronzes historiques français, citons encore la statue colossale de la Vierge du Puy (Haute-Loire), fondue avec le métal des canons pris à Sébastopol et due au talent de M. Bonnassieu, sculpteur; elle est érigée au sommet d'un rocher dont la hauteur est de 132 mètres au-dessus de l'Hôtel de ville et 757 mètres au-dessus du niveau de la mer.

La statue elle-même a 16 mètres de hauteur, sa chevelure 7 mètres de long, et les pieds 1 m, 92; l'avant-bras a 3 m. 75 et la main 1 m. 50. La Vierge tient dans ses bras l'Enfant Jésus et le groupe entier pèse 10 000 kilogrammes; c'est un des plus beaux spécimens de la statuaire moderne, fondu dans les ateliers de M. Prenat, à Givors.

Citons aussi, mais pour mémoire seulement, les statues colossales de Bartholdi, *la Liberté éclairant le monde*, offerte aux États-Unis d'Amérique et dont une réduction est placée à l'île des Cygnes, et une réduction du *Lion de Belfort* qui se trouve place Denfert-Rochereau. Ces deux merveilles de la métallurgie moderne ne sont pas en bronze, mais en tôle martelée.

L'étranger n'est pas sans posséder, lui aussi, des œuvres superbes. Les énumérer complètement serait vouloir écrire l'histoire monumentale de chaque pays. Contentons-nous donc de quelques exemples, pris parmi les plus célèbres, ou au moins parmi les plus connus.

A Saint-Pétersbourg, le voyageur peut admirer la statue équestre colossale, représentant Pierre le Grand sur un cheval fougueux qui se cabre au bord d'une roche escarpée. L'attitude de l'empereur respire un calme majestueux; le coursier se dresse sur ses deux pieds de derrière, impatient du frein, tandis que Pierre jette un regard créateur sur sa ville qui s'élève florissante au sein des marais. Il étend sa main protectrice, comme pour conjurer les obstacles naturels. Cette pose est extrêmement hardie; le coursier du tzar foule aux pieds un serpent, ce qui complète l'allégorie; la queue du cheval est massive et sert de contrepoids.

On dit que cette statue équestre a été coulée d'un

seul jet; cependant plusieurs Russes prétendent qu'une partie du métal s'échappant du moule, elle fut manquée en plusieurs endroits; ils ajoutent qu'un fondeur suédois répara le dommage. La statue est de Falconet. La tête

Statue équestre de bronze de Pierre le Grand. (St-Pétersbourg.)

a été modelée par Mlle Calot, artiste d'un grand mérite, qui a saisi parfaitement le caractère et la ressemblance de l'empereur.

La figure a 11 pieds de haut, et le cheval 17 pieds. L'épaisseur du métal, dans les parties les plus légères, est d'environ 3 lignes, et d'un pouce dans les plus massives. On évalue à environ 36 000 livres le poids total du groupe.

La Bavaria. Statue colossale en bronze, à Munich.

Le bloc énorme de granit qui forme le piédestal, et dont on évalue le poids à trois millions de livres, a été transporté d'un marais éloigné d'une lieue et demie de la ville. On l'a fait glisser à force de bras et au moyen de machines sur des boulets de canon, car son poids eût écrasé les cylindres. A mesure que cette masse dépassait les boulets, on les replaçait en avant dans la direction qui devait être parcourue. Un tambour debout sur le roc donnait le signal aux travailleurs.

Les Allemands ont, eux aussi, beaucoup cultivé et souvent avec art la statuaire en bronze.

On voit entre autres à Munich une statue colossale de

L'intérieur de la tête de la Bavaria (vue d'avant).

la Bavaria, adossée à un petit temple sur une immense place déserte. Cette statue rappelle celle de saint Charles Borromée sur le lac Majeur, autant pour ses dimensions, que pour l'escalier qu'elle renferme et par lequel on pénètre jusque dans la tête. Nos gravures donnent une idée exacte de l'ensemble de la statue, ainsi que de la disposition de la tête colossale, dans laquelle peuvent s'installer les visiteurs. Des ouvertures ménagées dans le bronze permettent de jeter un coup d'œil sur la ville et la campagne environnante. *La Bavaria* est l'œuvre du sculpteur Schwanthaler, œuvre un peu lourde.

Mieux vaut la *statue équestre de l'électeur Maximilien* par Thorwaldsen, bien campée à la manière du Colleone

L'intérieur de la tête de la Bavaria (vue arrière).

de Verrochio. Munich possède aussi la *statue du roi Maximilien* par Rauch et un grand nombre d'autres bronzes, entre autres un obélisque élevé à la mémoire des Bavarois morts comme alliés de la France à la campagne de Russie.

A Francfort, on admire une statue de *Gœthe*, mais c'est surtout à Berlin et à Potsdam que le bronze est en faveur.

Statue équestre en bronze de Frédéric le Grand, à Berlin (par Rauch).

Au bout de la promenade *Sous les Tilleuls* et devant le palais de feu l'empereur Guillaume, s'élève la magnifique *statue équestre de Frédéric II*, en bronze, exécutée par Rauch. Le grand Frédéric y est représenté, sans pose, dans son costume habituel, avec son chapeau si caractéristique et qui le fait reconnaître, comme chez nous

L'amazone en bronze de Kiss, à Berlin.

celui de Napoléon Ier. Aux quatre coins du piédestal sont des figures représentant la Tempérance, la Justice, la Force et la Prudence, et des bas-reliefs revêtant les quatre faces du piédestal rappellent les victoires de ce souverain et plusieurs de ses contemporains.

Plus loin, en face de l'arsenal, on voit la statue en bronze de Blucher. Sur le Pont-Royal s'élève une fort belle statue équestre de *l'électeur Frédéric-Guillaume I*[er], qui présente cette particularité, que l'on fait admirer aux étrangers, c'est-à-dire une des bottes du roi qui est rapiécée, hommage rendu par le sculpteur Schlüter à l'économie traditionnelle de ce souverain.

La *Victoire* debout sur un char, qui couronne l'arc de triomphe appelé la Porte de Brandebourg, a eu aussi son histoire. Enlevée et emportée comme trophée à Paris en 1806, elle fut reprise par les Prussiens en 1814 et replacée sur la même Porte, mais cette fois tournée du côté de l'intérieur de la ville, de peur, dit-on, que tournée vers l'extérieur, comme elle l'était auparavant, il ne lui vienne l'idée de repartir. Le quadrige n'a d'ailleurs aucune valeur artistique.

Devant le château royal on voit deux groupes de bronze représentant des *Guerriers domptant des chevaux*. Les libéraux leur ont donné, lors de la révolution de 1848, le nom de *Gehemmter Fortschwitt* (le Progrès arrêté).

On admire devant le nouveau musée un magnifique groupe de Kiss : *Amazone domptant un tigre*, chef-d'œuvre de puissance et d'expression. Vis-à-vis, comme pendant, un *Cavalier luttant contre un lion*, d'Albert Wolf, n'est pas sans valeur.

Arrêtons-nous ici. La nomenclature seule des grands bronzes historiques nous ferait sortir du cadre de notre ouvrage. Nous n'avons du reste voulu citer, au cours de ce chapitre, que quelques uns de ceux qui sont les plus connus, sinon les plus célèbres, laissant à nos lecteurs le soin de compléter eux-mêmes, pendant leurs voyages ou simplement par la lecture, les renseignements forcément succincts que nous venons de leur donner.

XVIII

LES BRONZES ANTIQUES DU LOUVRE

Il nous serait difficile de terminer notre étude sur le bronze sans faire une visite, si courte qu'elle fût, au célèbre cabinet des antiques du Louvre. Dans ses vitrines sont en effet rassemblées les œuvres les plus remarquables sorties des fouilles exécutées au cours des derniers siècles et des dernières années même. Bronzes grecs, romains ou gallo-romains, y sont accumulés dans des séries d'une incomparable richesse. A côté des cistes artistement gravés, des miroirs aux reliefs d'une délicatesse exquise, des casques, des jambières, des armes de toute sorte, épées, lances, poignards, des fibules aux mille formes, des bracelets, des colliers, des pendants d'oreille, des trépieds et des lampes, dorment, derrière les glaces transparentes, en file serrée, des milliers de statuettes, dieux lares ou ex-voto, réveillés dans leur séculaire sommeil par la pioche des chercheurs, à Pompéi, à Herculanum, à Rome, en Italie, en France, partout où les civilisations éteintes ont laissé des traces de leur splendeur.

Les bronzes antiques du Louvre ne le cèdent en rien, comme expression artistique et comme facture, aux œuvres des plus grands artistes de l'époque moderne. Nous avons déjà cité plusieurs d'entre eux au cours de ce volume, l'*Apollon didyméen* de Piombino, par exemple. Tels des grands bustes de Tibère, Claude, Néron, Commode, qui ornent le pourtour de la salle, ou encore ces deux ravissants petits bustes d'Auguste et de Livie, que nous reproduisons ici-même, valent à eux seuls la promenade que nous conseillons à nos lecteurs de faire au cabinet des antiques.

Les deux bustes d'Auguste et de Livie, deux pendants, comme nous dirions aujourd'hui, ont été trouvés, en 1815, dans le sol du domaine de Bretagne, commune de Neuilly-le-Réal (Allier). Ils ont été évidemment exécutés par le même artiste, et consacrés à la même époque, car les caractères des deux dédicaces gravées sur leur base circulaire sont identiques. Leur hauteur de 22 centimètres, et le diamètre de la base, 13 centimètres, à laquelle chacun d'eux s'ajuste au moyen d'un goujon fixé à la partie inférieure de la poitrine, sont également identiques.

Auguste et Livie sont représentés tête nue. Livie a les cheveux relevés autour du front, formant saillie au sommet et chignon sur la nuque. Deux grandes mèches, fondues à part, sont fixées dans deux trous pratiqués en arrière des oreilles et tombent sur les épaules. Une petite draperie couvre la poitrine. Dans sa savante notice sur les *Bronzes antiques du Louvre*, M. Adrien de Longpérier place l'époque d'exécution de ces bustes entre l'an de Rome 727 (27 av. J.-C), date du changement de nom d'Octave, et 767 (14 de J.-C.), date de la mort de l'empereur. Il était encore vivant lorsque les bustes furent dédiés, puisqu'il ne reçoit pas dans l'inscription le titre de *divus*. La formule V.S.L.M (*Votum Solvit Libens Merito*), qui termine chacune des deux inscriptions, indique que ces précieux bustes, bien que représentant des personnages vivants, ont été consacrés aux augustes comme à des divinités.

Voici du reste le texte exact de ces deux inscriptions. Sur la base du buste d'Auguste :

CAESARI AVGVSTO
ATESPATVS. CRIXI. FIL. V. S. L. M.

Sur la base du buste de Livie :

LIVIAE. AVGVSTAE
ATESPATVS. CRIXI. FIL. V. S. L. M.

Comme dans la plupart des statues antiques, les yeux des bustes d'Auguste et de Livie sont incrustés en émail, avec pupille noire, ce qui donne au visage une singulière intensité de vie. D'autres bustes voisins, celui de Massinissa, celui de P. Cornelius Scipion, par exemple, ont les yeux incrustés d'argent. La place de l'iris est vide et laisse voir le bronze, que cachait probablement une applique de métal précieux, peut-être même une pierre brillante, dérobée par quelque Barbare. Cette coutume d'orner les yeux des statues explique pourquoi un grand nombre d'entre elles, l'Apollon de Piombino par exemple, ont les yeux complètement vides. On remarque, du reste, sur leur corps les traces des violences qu'elles ont subies pour être brisées.

Le Sylla imberbe, portant les cheveux courts ; l'Octavie aux cheveux terminés en tresse roulée, les yeux vides comme l'Apollon ; le Vespasien couronné de lauriers ; la Marciana, sœur de Trajan, aux yeux découpés à jour ; l'Alexandre, coiffé d'un casque en forme de tête de lion ; la Cléopâtre, représentée en Vénus, debout, nue, la tête couverte d'une colombe qui lui sert de coiffure, sont autant de chefs-d'œuvre de la statuaire antique, que renferme le cabinet du Louvre.

Au centre de la salle, un Apollon doré, de 1 m. 70 de hauteur, entièrement nu, debout, la jambe gauche légèment infléchie, attire tous les regards. Les cheveux for-

Bronze de Livie. (Cabinet des antiques du Louvre.)

ment un nœud derrière la tête et retombent en longues

mèches sur les épaules. La main gauche est élevée. L'avant

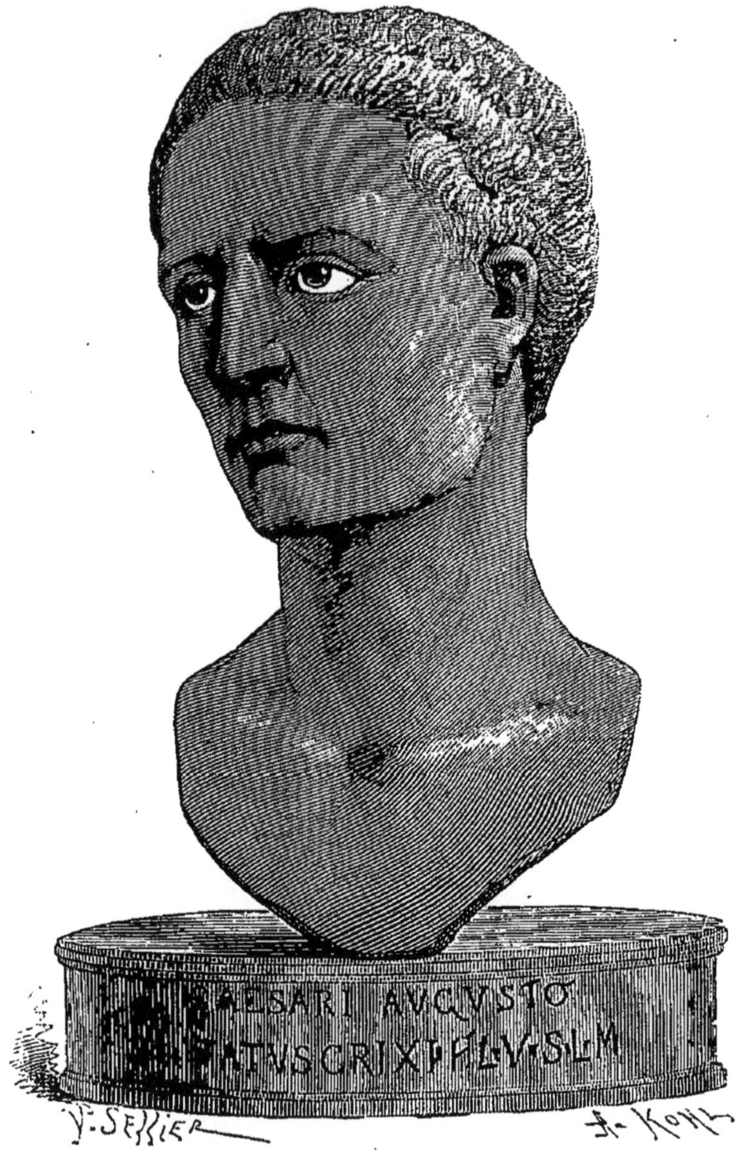

Bronze d'Auguste. (Cabinet des antiques du Louvre.)

bras droit, le dernier doigt de la main gauche, le talon

gauche, toute la jambe droite, au-dessus du genou, ont été brisés. Cette statue, entièrement dorée, a été trouvée le 24 juillet 1823, près du théâtre antique de Lillebonne Seine-Inférieure). On reconnait en diverses places la dimension des feuilles d'or à l'épaisseur formée par le croisement du bord de ces feuilles.

Les vitrines du cabinet des bronzes du Louvre sont à consulter avec soin. Elles renferment entre autres de superbes spécimens de miroirs, gravés ou en relief, semblables à ceux dont nous avons parlé dans les chapitres précédents, de curieuses bandelettes de bronze avec inscriptions grecques, des fragments de table en bronze sur lesquelles on avait l'habitude de graver les lois. La vitrine du centre, dans laquelle on peut admirer le *Taureau bondissant*, décrit et reproduit plus haut, renferme de superbes miroirs, une biche debout semblable à la gazelle d'Herculanum reproduite également plus haut, et de curieux *prefericulum*, dont l'un représente la tête d'un jeune esclave imberbe, surmontée d'un col à trois lobes, qu'une anse cannelée et terminée par une palmette relie à la partie supérieure du crâne.

Les autres sections de notre musée national, les musées égyptien et assyrien entre autres, renferment également d'intéressants et instructifs spécimens de l'art du bronze dans l'antiquité; il faudrait les consulter sur place. La *salle des Dieux* du musée égyptien est particulièrement riche en bronzes. Sur la grande cheminée, Isis allaitant Horus, ayant tous deux les yeux en argent et l'iris en émail; Osiris, aux yeux vides; Ammon, richement orné de damasquinures d'or et d'argent au collier et à la ceinture. L'Horus faisant une libation devant son père Osiris, et Meson qui porte sa légende gravée sur sa poitrine, sont également deux précieux exemples de l'art du bronze égyptien. Innombrables sont les statuettes et les représentations d'animaux en bronze exposés au public, entre autres les statuettes de chats, semblables à celle que nous avons reproduite précédemment. Un petit sphinx en bronze incrusté d'or, porte le nom de Smendès de Manethon, de la vingt et unième dynastie.

Les collections nouvellement installées après les fouilles remarquables de M. et Mme Dieulafoy en Susiane, nous montrent encore d'intéressants spécimens de l'art du bronze, des plaques et des cylindres gravés, des bronzes votifs, et, par-dessus tout, un magnifique lion en bronze. Nos lecteurs pourront du reste consulter le *Voyage en Susiane*, et le beau livre de MM. Perrot et Chipiez sur *l'Histoire de l'Art dans l'antiquité*.

En fermant ce petit livre, nous n'avons point la prétention d'avoir écrit une histoire complète du bronze, d'avoir retracé même une faible part des grandioses manifestations auxquelles il a été mêlé dans le domaine de l'art et dans celui de l'histoire. Tout ce que nous avons voulu, c'est donner à ceux qui voudront bien nous lire le goût et l'amour d'un métal, rival heureux de l'or lui-même dans le domaine artistique. Puissions-nous avoir réussi, si étroit qu'ait été notre programme ! Ceux qui voudront pousser plus avant leur étude du bronze n'auront pour cela qu'à consulter les nombreuses sources que leur offrent les publications modernes, et parmi les plus remarquables, celles que nous avons consultées nous-même avec fruit : en premier lieu, l'*Histoire de l'Art* de MM. Perrot et Chipiez, véritable monument élevé à la gloire de l'art antique; l'*Histoire de l'Art pendant la Renaissance* de M. Eugène Müntz, tous deux édités par la maison Hachette; et cette admirable collection de la Bibliothèque d'Enseignement des Beaux-Arts, éditée par Quantin, l'*Archéologie étrusque et romaine*, l'*Archéologie grecque*, l'*Archéologie orientale*, les *Monnaies et médailles*, etc.... En étudiant en détail, dans ces sources savantes, cette histoire du bronze que nous avons simplement esquissée, nos lecteurs, en dehors des sensations artistiques qu'ils pourront éprouver, verront se dérouler en quelque sorte sous leurs yeux, sous la forme de l'art, l'histoire de l'humanité.

TABLE

18977. — Imprimerie A. Lahure, rue de Fleurus, 9, à Paris.

CONDITIONS DE VENTE ET D'ABONNEMENT

LE JOURNAL DE LA JEUNESSE paraît le samedi de chaque semaine. Le prix du numéro, comprenant 16 pages grand in-8°, est de **10** centimes.

Les 52 numéros publiés dans une année forment deux volumes.

Prix de chaque volume, broché, **10** francs; cartonné en percaline rouge, tranches dorées, **13** francs.

Pour les abonnés, le prix de chaque volume du *Journal de la Jeunesse* est réduit à **5** francs broché.

PRIX DE L'ABONNEMENT

POUR PARIS ET LES DÉPARTEMENTS

Un an (2 volumes)............... **20** francs

Six mois (1 volume).............. **10** —

Prix de l'abonnement pour les pays étrangers qui font partie de l'Union générale des postes : Un an, **22** fr.; six mois, **11** fr.

Les abonnements se prennent à partir du 1er décembre et du 1er juin de chaque année.

NOUVELLE COLLECTION ILLUSTRÉE

POUR LA JEUNESSE ET L'ENFANCE

1re SÉRIE, FORMAT IN-8° JÉSUS

Prix du volume : broché, 7 fr.; cartonné, tranches dorées, 10 fr.

About (Ed.) : *Le roman d'un brave homme.* 1 vol. illustré de 52 compositions par Adrien Marie.

— *L'homme à l'oreille cassée.* 1 vol. illustré de 51 compositions par Eug. Courboin.

Cahun (L.) : *Les aventures du capitaine Magon.* 1 vol. illustré de 72 gravures d'après Philippoteaux.

— *La bannière bleue.* 1 vol. illustré de 73 gravures d'après Lix.

Deslys (Charles) : *L'héritage de Charlemagne.* 1 vol. illustré de 127 gravures d'après Zier.

Dillaye (Fr.) : *Les jeux de la jeunesse*, leur origine, leur histoire, avec l'indication des règles qui les régissent. 1 vol. illustré de 203 grav.

Du Camp (Maxime) : *La vertu en France.* 1 vol. illustré de gravures d'après Duez, Myrbach, Tofani et E. Zier.

Fleuriot (Mlle Z.) : *Cœur muet.* 1 vol. ill. de grav. d'après Adrien Marie.

Krafft (H.) : *Souvenirs de notre tour du monde.* 1 vol. avec 24 phototypies et 5 cartes.

Manzoni : *Les fiancés.* Édition abrégée par Mme J. Colomb. 1 vol. illustré de 40 gravures.

Rousselet (Louis) : *Nos grandes écoles militaires et civiles.* 1 vol. illustré de gravures d'après A. Le Maistre, Fr. Régamey et P. Renouard.

Witt (Mme de), née Guizot : *Les femmes dans l'histoire.* 1 vol. avec 80 gravures.

2e SÉRIE, FORMAT IN-8° RAISIN

Prix du volume : broché, 4 fr.; cartonné, tranches dorées, 6 fr.

Anonyme (l'auteur de la Neuvaine de Colette) : *Tout droit.* 1 vol. illustré de 112 grav. d'après E. Zier.

Assollant (A.) : *Montluc le Rouge.* 2 vol. avec 107 grav. d'après Sahib.

— *Pendragon.* 1 vol. avec 42 gravures d'après C. Gilbert.

Blandy (Mme S.) : *Rouxélou.* 1 vol. illustré de 112 gravures d'après E. Zier.

Cahun (L.) : *Les pilotes d'Ango.* 1 vol. avec 45 gravures d'après Sahib.

— *Les mercenaires.* 1 vol. avec 54 gravures d'après P. Fritel.

Chéron de la Bruyère (Mme) : *La tante Derbier.* 1 vol. illustré de 50 gravures d'après Myrbach.

Colomb (Mme) : *Le violoneux de la sapinière.* 1 vol. avec 85 gravures d'après A. Marie.

— *La fille de Carilès.* 1 vol. avec 96 grav. d'après A. Marie.

Ouvrage couronné par l'Académie française.

— *Deux mères.* 1 vol. avec 133 gravures d'après A. Marie.

— *Le bonheur de Françoise.* 1 vol. avec 112 grav. d'après A. Marie.

— *Chloris et Jeanneton.* 1 vol. avec 105 gravures d'après Sahib.

— *L'héritière de Vauclain.* 1 vol. avec 104 grav. d'après C. Delort.

— *Franchise.* 1 vol. avec 113 gravures d'après C. Delort.

Colomb (Mme) (suite) : *Feu de paille.* 1 vol. avec 98 gravures d'après Tofani.

— *Les étapes de Madeleine.* 1 vol. avec 105 grav. d'après Tofani.

— *Denis le tyran.* 1 vol. avec 115 gravures d'après Tofani.

— *Pour la muse.* 1 vol. avec 105 gravures d'après Tofani.

— *Pour la patrie.* 1 vol. avec 112 gravures d'après E. Zier.

— *Hervé Plémeur.* 1 vol. avec 112 gravures d'après E. Zier.

— *Jean l'innocent.* 1 vol. illustré de 112 gravures d'après Zier.

— *Danielle.* 1 vol. illustré de 112 gravures d'après Tofani.

— *Les révoltes de Sylvie.* 1 vol. avec 112 gravures d'après Tofani.

— *Mon oncle d'Amérique.* 1 vol. illustré de 112 grav. d'après Tofani.

Cortambert (E.) : *Voyage pittoresque à travers le monde.* 1 vol. avec 81 gravures.

Cortambert et **Deslys** : *Le pays du soleil.* 1 vol. avec 35 gravures.

Daudet (E.) : *Robert Darnetal.* 1 vol. avec 81 grav. d'après Sahib.

Demoulin (Mme G.) : *Les animaux étranges.* 1 vol. avec 172 gravures.

Deslys (Ch.) : *Courage et dévouement.* Histoire de trois jeunes filles. 1 vol. avec 31 gravures d'après Lix et Gilbert.

— *L'Ami François.* 1 vol. avec 35 gr.

— *Nos Alpes*, avec 39 gravures d'après J. David.

— *La mère aux chats.* 1 vol. avec 50 gravures d'après H. David.

Dillaye (Fr.) : *La filleule de saint Louis.* 1 vol. avec 39 grav. d'après E. Zier.

Énault (L.) : *Le chien du capitaine.* 1 vol. avec 43 gravures d'après E. Riou.

Erwin (Mme E. d') : *Heur et malheur.* 1 vol. avec 50 gravures d'après H. Castelli.

Fath (G.) : *Le Paris des enfants.* 1 vol. avec 60 gravures d'après l'auteur.

Fleuriot (Mlle Z.) : *M. Nostradamus.* 1 vol. avec 36 gravures d'après A. Marie.

— *La petite duchesse.* 1 vol. avec 73 gravures d'après A. Marie.

— *Grandcœur.* 1 vol. avec 45 gravures d'après C. Delort.

— *Raoul Daubry,* chef de famille. 1 vol. avec 32 gravures d'après C. Delort.

— *Mandarine.* 1 vol avec 95 gravures d'après C. Delort.

— *Cadok.* 1 vol. avec 24 gravures d'après C. Gilbert.

— *Câline.* 1 vol. avec 102 grav. d'après G. Fraipont.

— *Feu et flamme.* 1 vol. avec 80 gravures d'après Tofani.

— *Le clan des têtes chaudes.* 1 vol. illustré de 65 gravures d'après Myrbach.

— *Au Galadoc.* 1 vol. illustré de 60 gravures d'après Zier.

— *Les premières pages.* 1 vol. avec 75 gravures d'après Adrien Marie.

Girardin (J.) : *Les braves gens.* 1 vol. avec 115 gravures d'après E. Bayard.

Ouvrage couronné par l'Académie française.

— *Nous autres.* 1 vol. avec 182 gravures d'après E. Bayard.

— *Fausse route.* 1 vol. avec 55 grav. d'après H. Castelli.

— *La toute petite.* 1 vol. avec 128 gravures d'après E. Bayard.

— *L'oncle Placide.* 1 vol. avec 139 gravures d'après A. Marie.

— *Le neveu de l'oncle Placide.* 3 vol. illustrés de 367 gravures d'après A. Marie, qui se vendent séparément.

Girardin (J.) (suite) : *Grand-père* 1 vol. avec 91 gravures d'après C. Delort.

Ouvrage couronné par l'Académie française.

— *Maman.* 1 vol. avec 112 gravures d'après Tofani.

— *Le roman d'un cancre.* 1 vol. avec 119 gravures d'après Tofani.

— *Les millions de la tante Zézé.* 1 vol. avec 112 grav. d'après Tofani.

— *La famille Gaudry.* 1 vol. avec 112 gravures d'après Tofani.

— *Histoire d'un Berrichon.* 1 vol. avec 112 gravures d'après Tofani.

— *Le capitaine Bassinoire.* 1 vol. illustré de 119 gravures d'après Tofani.

— *Second violon.* 1 vol. illustré de 112 gravures d'après Tofani.

— *Le fils Valansé.* 1 vol. avec 112 gravures d'après Tofani.

— *Le commis de M. Bouvat.* 1 vol. illustré de 119 gr. d'après TOFANI.

Giron (AIMÉ) : *Les trois rois mages.* 1 vol. illustré de 60 gravures d'après Fraipont et Pranishnikoff.

Gouraud (Mlle J.) : *Cousine Marie.* 1 vol. avec 36 gravures d'après A. Marie.

Nanteuil (Mme P. de) : *Capitaine.* 1 vol. illustré de 72 gravures d'après Myrbach.

Ouvrage couronné par l'Académie française.

— *Le général Du Maine.* 1 vol. avec 70 gravures d'après Myrbach.

— *L'épave mystérieuse.* 1 volume illustré de 80 gr. d'après MYRBACH.

Rousselet (L.) : *Le charmeur de serpents.* 1 vol. avec 68 gravures d'après A. Marie.

— *Le fils du connétable.* 1 vol. avec 113 gravures d'après Pranishnikoff.

— *Les deux mousses.* 1 vol. avec 90 gravures d'après Sahib.

Rousselet (L.) (suite) : *Le tambour du Royal-Auvergne.* 1 vol. avec 115 gravures d'après Poirson.

— *La peau du tigre.* 1 vol. avec 102 gravures d'après Bellecroix et Tofani.

Saintine : *La nature et ses trois règnes,* ou la mère Gigogne et ses trois filles. 1 vol. avec 171 gravures d'après Foulquier et Faguet.

— *La mythologie du Rhin et les contes de la mère-grand.* 1 vol. avec 160 gravures d'après G. Doré.

Tissot et Améro : *Aventures de trois fugitifs en Sibérie.* 1 vol. avec 72 gravures d'après Pranishnikoff.

Tom Brown, scènes de la vie de collège en Angleterre. Imité de l'anglais par J. Girardin. 1 vol. avec 69 grav. d'après G. Durand.

Witt (Mme de), née Guizot : *Scènes historiques.* 1re série. 1 vol. avec 18 gravures d'après E. Bayard.

— *Scènes historiques.* 2e série. 1 vol. avec 28 gravures d'après A. Marie.

— *Lutin et démon.* 1 vol. avec 36 gravures d'après Pranishnikoff et E. Zier.

— *Normands et Normandes.* 1 vol. avec 70 gravures d'après E. Zier.

— *Un jardin suspendu.* 1 vol. avec 39 gravures d'après C. Gilbert.

— *Notre-Dame Guesclin.* 1 vol. avec 70 gravures d'après E. Zier.

— *Une sœur.* 1 vol. avec 65 gravures d'après E. Bayard.

— *Légendes et récits pour la jeunesse.* 1 vol. avec 18 gravures d'après Philippoteaux.

— *Un nid.* 1 vol. avec 63 gravures d'après Ferdinandus.

— *Un patriote au quatorzième siècle.* 1 vol. illustré de gravures d'après E. Zier.

BIBLIOTHÈQUE DES PETITS ENFANTS

DE 4 A 8 ANS

FORMAT GRAND IN-16

CHAQUE VOLUME, BROCHÉ, 2 FR. 25

CARTONNÉ EN PERCALINE BLEUE, TRANCHES DORÉES, 3 FR. 50

Ces volumes sont imprimés en gros caractères.

Cheron de la Bruyère (Mme): *Contes à Pépée.* 1 vol. avec 24 gravures d'après Grivaz.
— *Plaisirs et aventures.* 1 vol. avec 30 gravures d'après Jeanniot.
— *La perruque du grand-père.* 1 vol. illustré de 30 gr. d'après Tofani.
— *Les enfants de Boisfleuri.* 1 vol. illustré de 30 gravures d'après Semechini.
— *Les vacances à Trouville.* 1 vol. avec 40 gravures d'après Tofani.
— *Le château du Roc-Salé.* 1 vol. illustré de 30 gr. d'après TOFANI.

Colomb (Mme) : *Les infortunes de Chouchou.* 1 vol. avec 48 gravures d'après Riou.

Desgranges (Guillemette) : *Le chemin du collège.* 1 vol. illustré de 30 gravures d'après Tofani.
— *La famille Le Jarriel.* 1 vol. illustré de 36 gr. d'après GEOFFROY.

Duporteau (Mme) : *Petits récits.* 1 vol. avec 28 gr. d'après Tofani.

Erwin (Mme E. d') : *Un été à la campagne.* 1 vol. avec 39 gravures d'après Sahib.

Favre : *L'épreuve de Georges.* 1 vol. avec 44 gravures d'après Geoffroy.

Franck (Mme E.) : *Causeries d'une grand'mère.* 1 vol. avec 72 gravures d'après C. Delort.

Fresneau (Mme), née de Ségur: *Une année du petit Joseph.* Imité de l'anglais. 1 vol. avec 67 gravures d'après Jeanniot.

Girardin (J.) : *Quand j'étais petit garçon.* 1 vol. avec 52 gravures d'après Ferdinandus.
— *Dans notre classe.* 1 vol. avec 26 gravures d'après Jeanniot.

Le Roy (Mme F.) : *L'aventure de Petit Paul.* 1 vol. illustré de 45 gravures, d'après Ferdinandus.

Le Roy (Mme F.) : *Pipo.* 1 vol. illustré de 36 grav. d'après MENCINA KRESZ.

Molesworth (Mrs) : *Les aventures de M. Baby,* traduit de l'anglais par Mme de Witt. 1 vol. avec 12 gravures d'après W. Crane.

Pape-Carpantier (Mme) : *Nouvelles histoires et leçons de choses.* 1 vol. avec 42 gravures d'après Semechini.

Surville (André) : *Les grandes vacances.* 1 vol. avec 30 gravures d'après Semechini.
— *Les amis de Berthe.* 1 vol. avec 30 gravures d'après Ferdinandus.
— *La petite Givonnette.* 1 vol. illustré de 34 gravures d'après Grigny.
— *Fleur des champs.* 1 vol. illustré de 32 gravures d'après Zier.
— *La vieille maison du grand père.* 1 vol. avec 34 gravures d'après Zier.

Witt (Mme de), née Guizot : *Histoire de deux petits frères.* 1 vol. avec 45 grav. d'après Tofani.
— *Sur la plage.* 1 vol. avec 55 gravures, d'après Ferdinandus.
— *Par monts et par vaux.* 1 vol. avec 54 grav. d'après Ferdinandus.
— *Vieux amis.* 1 vol. avec 60 gravures d'après Ferdinandus.
— *En pleins champs.* 1 vol. avec 45 gravures d'après Gilbert.
— *Petite.* 1 vol. avec 56 gravures d'après Tofani.
— *A la montagne.* 1 vol. illustré de 5 gravures d'après Ferdinandus.
— *Deux tout petits.* 1 vol. illustré de 32 gravures d'après Ferdinandus.
— *Au-dessus du lac.* 1 vol. avec 44 gravures.
— *Les enfants de la tour du Roc.* 1 vol. illustré de 56 gravures d'après E. ZIER.

Assollant (A.). *Les aventures merveilleuses mais authentiques du capitaine Corcoran*. 2 vol. avec 50 gravures, d'après A. de Neuville.

Barrau (Th.) : *Amour filial*. 1 vol. avec 41 gravures d'après Ferogio.

Bawr (Mme de) : *Nouveaux contes*. 1 vol. avec 40 grav. d'après Bertall.
Ouvrage couronné par l'Académie française.

Beleze : *Jeux des adolescents*. 1 vol. avec 140 gravures.

Berquin : *Choix de petits drames et de contes*. 1 vol. avec 36 gravures d'après Foulquier, etc.

Berthet (E.) : *L'enfant des bois*. 1 vol. avec 61 gravures.

— *La petite Chailloux*. 1 vol. illustré de 41 gravures d'après É. Bayard et G. Fraipont.

Blanchère (De la) : *Les aventures de la Ramée*. 1 vol. avec 36 gravures d'après E. Forest.

— *Oncle Tobie le pêcheur*. 1 vol. avec 80 gr. d'après Foulquier et Mesnel.

Boiteau (P.): *Légendes* recueillies ou composées pour les enfants. 1 vol. avec 42 gravures d'après Bertall.

Carpentier (Mlle E.): *La maison du bon Dieu*. 1 vol. avec 58 gravures d'après Riou.

— *Sauvons-le !* 1 vol. avec 60 gravures d'après Riou.

— *Le secret du docteur*, ou la maison fermée. 1 vol. avec 43 gravures d'après P. Girardet.

— *La tour du preux*. 1 vol. avec 59 gravures d'après Tofani.

— *Pierre le Tors*. 1 vol. avec 64 gravures d'après Zier.

— *La dame bleue*. 1 vol. illustré de 49 gravures d'après E. Zier.

Carraud (Mme Z.): *La petite Jeanne*, ou le devoir. 1 vol. avec 21 gravures d'après Forest.
Ouvrage couronné par l'Académie française.

Carraud (Mme Z.) (suite) : *Les goûters de la grand'mère*. 1 vol. avec 18 gravures d'après E. Bayard.

— *Les métamorphoses d'une goutte d'eau*. 1 vol. avec 50 gravures d'après É. Bayard.

Castillon (A.) : *Les récréations physiques*. 1 vol. avec 36 gravures d'après Castelli.

— *Les récréations chimiques*, faisant suite au précédent. 1 vol. avec 34 gravures d'après H. Castelli.

Cazin (Mme J.) : *Les petits montagnards*. 1 vol. avec 51 gravures. d'après G. Vuillier.

— *Un drame dans la montagne*. 1 vol. avec 33 grav. d'après G. Vuillier.

— *Histoire d'un pauvre petit*. 1 vol. avec 40 gravures d'après Tofani.

— *L'enfant des Alpes*. 1 vol. avec 33 gravures d'après Tofani.

— *Perlette*. 1 vol. illustré de 54 gravures d'après MYRBACH.

— *Les saltimbanques*. 1 vol. avec 66 gravures d'après Girardet.

— *Le petit chevrier*. 1 vol. illustré de 39 gravures d'après VUILLIER.

Chabreul (Mme de) : *Jeux et exercices des jeunes filles*. 1 vol. avec 62 gravures d'après Fath, et la musique des rondes.

Colet (Mme L.) : *Enfances célèbres*. 1 vol. avec 57 grav. d'après Foulquier.

Colomb (Mme J.) : *Souffre-douleur*. 1 vol. illustré de 49 gravures d'après Mlle Marcelle Lancelot.

Contes anglais, traduits par Mme de Witt. 1 vol. avec 43 gravures d'après Morin.

Deslys (Ch.) : *Grand'maman*. 1 vol. avec 29 gravures d'après E. Zier.

Edgeworth (Miss) : *Contes de l'adolescence*, traduit par A. Le François. 1 vol. avec 42 gravures d'après Morin.

Edgeworth (Miss) (suite) : *Contes de l'enfance*, traduit par le même. 1 vol. avec 26 gravures d'après Foulquier.

— *Demain*, suivi de *Mourad le malheureux*, contes traduits par H. Jousselin. 1 vol. avec 55 grav. d'après Bertall.

Fath (G.) : *Bernard, la gloire de son village*. 1 vol. avec 56 gravures d'après Mme G. Fath.

Fénelon : *Fables*. 1 vol. avec 29 grav. d'après Forest et É. Bayard.

Fleuriot (Mlle) : *Le petit chef de famille*. 1 vol. avec 57 gravures d'après H. Castelli.

— *Plus tard*, ou le jeune chef de famille. 1 vol. avec 60 gravures d'après É. Bayard.

— *L'enfant gâté*. 1 vol. avec 48 gravures d'après Ferdinandus.

— *Tranquille et Tourbillon*. 1 vol. avec 45 grav. d'après C. Delort.

— *Cadette*. 1 vol. avec 52 gravures d'après Tofani.

— *En congé*. 1 vol. avec 61 gravures d'après Ad. Marie.

— *Bigarette*. 1 vol. avec 48 gravures d'après Ad. Marie.

— *Bouche-en-Cœur*. 1 vol. avec 45 gravures d'après Tofani.

— *Gildas l'intraitable*, 1 vol. avec 56 gravures d'après E. Zier.

— *Parisiens et Montagnards*. 1 vol. avec 49 gravures d'après E. Zier.

Foë (de) : *La vie et les aventures de Robinson Crusoé*, traduit de l'anglais. 1 vol. avec 40 gravures.

Fonvielle (W. de) : *Néridah*. 2 vol. avec 45 gravures d'après Sahib.

Fresneau (Mme), née de Ségur : *Comme les grands!* 1 vol. illustré de 46 gravures d'après Ed. Zier.

— *Thérèse à Saint-Domingue*. 1 vol. avec 40 gravures d'après Tofani.

— *Les protégés d'Isabelle*. 1 vol. illustré de 42 gravures d'après Tofani.

Genlis (Mme de) : *Contes moraux*. 1 v. avec 40 grav. d'après Foulquier, etc.

Gérard (A.) : *Petite Rose*. — *Grande Jeanne*. 1 vol. avec 28 gravures d'après Gilbert.

Girardin (J.) : *La disparition du grand Krause*. 1 vol. avec 70 gravures d'après Kauffmann.

Giron (A.) : *Ces pauvres petits*. 1 vol. avec 22 grav. d'après B. Nouvel.

Gouraud (Mlle J.) : *Les enfants de la ferme*. 1 vol. avec 59 grav. d'après É. Bayard.

— *Le livre de maman*. 1 vol. avec 68 grav. d'après É. Bayard.

— *Cécile, ou la petite sœur*. 1 vol. avec 26 grav. d'après Desandré.

— *Lettres de deux poupées*. 1 vol. avec 59 gravures d'après Olivier.

— *Le petit colporteur*. 1 vol. avec 27 grav. d'après A. de Neuville.

— *Les mémoires d'un petit garçon*. 1 vol. avec 86 gravures d'après É. Bayard.

— *Les mémoires d'un caniche*. 1 vol. avec 75 gravures d'après É. Bayard.

— *L'enfant du guide*. 1 vol. avec 60 gravures d'après É. Bayard.

— *Petite et grande*. 1 vol. avec 48 gravures d'après É. Bayard.

— *Les quatre pièces d'or*. 1 vol. avec 54 gravures d'après É. Bayard.

— *Les deux enfants de Saint-Domingue*. 1 vol. avec 54 gravures d'après É. Bayard.

— *La petite maîtresse de maison*. 1 vol. avec 37 grav. d'après Marie.

— *Les filles du professeur*. 1 vol. avec 36 grav. d'après Kauffmann.

— *La famille Harel*. 1 vol. avec 44 gravures d'après Valnay.

— *Aller et retour*. 1 vol. avec 40 gravures d'après Ferdinandus.

— *Les petits voisins*. 1 vol. avec 39 gravures d'après C. Gilbert.

Gouraud (Mlle J.) (suite) : *Chez grand'mère*. 1 vol. avec 98 grav. d'après Tofani.

— *Le petit bonhomme*. 1 vol. avec 45 grav. d'après A. Ferdinandus.

— *Le vieux château*. 1 vol. avec 28 gravures d'après E. Zier.

— *Pierrot*. 1 vol. avec 31 gravures d'après E. Zier.

— *Minette*. 1 vol. illustré de 52 gravures d'après TOFANI.

— *Quand je serai grande!* 1 vol. avec 60 gravures d'après Ferdinandus.

Grimm (les frères) : *Contes choisis*, traduit par Ferd. Baudry. 1 vol. avec 40 gravures d'après Bertall.

Hauff : *La caravane*, traduit par A. Talon. 1 vol. avec 40 gravures d'après Bertall.

— *L'auberge du Spessart*, traduit par A. Talon. 1 vol. avec 61 gravures d'après Bertall.

Hawthorne : *Le livre des merveilles*, traduit de l'anglais par L. Rabillon. 2 vol. avec 40 gravures d'après Bertall.

Hébel et **Karl Simrock** : *Contes allemands*, traduit par M. Martin. 1 vol. avec 27 grav. d'après Bertall.

Johnson (R. B.) : *Dans l'extrême Far West*, traduit de l'anglais par A. Talandier. 1 vol. avec 20 gravures d'après A. Marie.

Marcel (Mme J.) : *L'école buissonnière*. 1 vol. avec 20 gravures d'après A. Marie.

— *Le bon frère*. 1 vol. avec 21 gravures d'après É. Bayard.

— *Les petits vagabonds*. 1 vol. avec 25 gravures d'après É. Bayard.

— *Histoire d'une grand'mère et de son petit-fils*. 1 vol. avec 36 gravures d'après C. Delort.

— *Daniel*. 1 vol. avec 45 gravures d'après Gilbert.

Marcel (Mme J.) (suite) : *Le frère et la sœur*. 1 vol. avec 45 gravures d'après E. Zier.

— *Un bon gros pataud*. 1 vol. avec 45 gravures d'après Jeanniot.

— *L'oncle Philibert*. 1 vol. illustré de 56 grav. d'après Fr. Régamey.

Maréchal (Mlle M.) : *La dette de Ben-Aïssa*. 1 vol. avec 20 gravures d'après Bertall.

— *Nos petits camarades*. 1 vol. avec 18 gravures d'après E. Bayard et H. Castelli, etc.

— *La maison modèle*. 1 vol. avec 42 gravures d'après Sahib.

Marmier (X.) : *L'arbre de Noël*. 1 vol. avec 68 grav. d'après Bertall.

Martignat (Mlle de) : *Les vacances d'Élisabeth*. 1 vol. avec 36 gravures d'après Kauffmann.

— *L'oncle Boni*. 1 vol. avec 42 gravures d'après Gilbert.

— *Ginette*. 1 vol. avec 50 gravures d'après Tofani.

— *Le manoir d'Yolan*. 1 vol. avec 56 gravures d'après Tofani.

— *Le pupille du général*. 1 vol. avec 40 gravures d'après Tofani.

— *L'héritière de Maurivèze*. 1 vol. avec 39 grav. d'après Poirson.

— *Une vaillante enfant*. 1 vol. avec 43 gravures par Tofani.

— *Une petite-nièce d'Amérique*. 1 vol. avec 43 gravures d'après Tofani.

— *La petite fille du vieux Thémi*. 1 vol. illustré de 42 gravures d'après TOFANI.

Mayne-Reid (le capitaine) : *Les chasseurs de girafes*, traduit de l'anglais par H. Vattemare. 1 vol. avec 10 grav. d'après A. de Neuville.

— *A fond de cale*, traduit par Mme H. Loreau. 1 vol. avec 12 gravures.

— *A la mer!* traduit par Mme H. Loreau. 1 vol. avec 12 gravures.

Mayne-Reid (le capitaine) (suite) : — *Bruin*, ou les chasseurs d'ours, traduit par A. Letellier. 1 vol. avec 8 grandes gravures.

— *Les chasseurs de plantes*, traduit par Mme H. Loreau. 1 vol. avec 29 gravures.

— *Les exilés dans la forêt*, traduit par Mme H. Loreau. 1 vol. avec 12 gravures.

— *L'habitation du désert*, traduit par A. Le François. 1 vol. avec 24 grav.

— *Les grimpeurs de rochers*, traduit par Mme H. Loreau. 1 vol. avec 20 gravures.

— *Les peuples étranges*, traduit par Mme H. Loreau. 1 vol. avec 24 grav.

— *Les vacances des jeunes Boërs*, traduit par Mme H. Loreau. 1 vol. avec 12 gravures.

— *Les veillées de chasse*, traduit par H.-B. Révoil. 1 vol. avec 43 gravures d'après Freeman.

— *La chasse au Léviathan*, traduit par J. Girardin. 1 vol. avec 51 gravures d'après A. Ferdinandus et Th. Weber.

— *Les naufragés de la Calypso*. 1 vol. traduit par Mme GUSTAVE DEMOULIN et illustré de 55 gravures d'après PRANISHNIKOFF.

Muller (E.) : *Robinsonnette*. 1 vol. avec 22 gravures d'après Lix.

Ouida : *Le petit comte*. 1 vol. avec 34 gravures d'après G. Vullier, Tofani, etc.

Peyronny (Mme de), née d'Isle : *Deux cœurs dévoués*. 1 vol. avec 53 gravures d'après J. Devaux.

Pitray (Mme de) : *Les enfants des Tuileries*. 1 vol. avec 29 gravures d'après É. Bayard.

— *Les débuts du gros Philéas*. 1 vol. avec 57 grav. d'après H. Castelli.

— *Le château de la Pétaudière*. 1 vol. avec 78 grav. d'après A. Marie.

Pitray (Mme de) (suite) : *Le fils du maquignon*. 1 vol. avec 65 grav. d'après Riou.

— *Petit monstre et poule mouillée*. 1 vol. avec 66 grav. par E. Girardet.

— *Robin des Bois*. 1 vol. illustré de 40 gravures d'après Sirouy.

Rendu (V.) : *Mœurs pittoresques des insectes*. 1 vol. avec 49 grav.

Rostoptchine (Mme la comtesse) : *Belle, Sage et Bonne*. 1 vol. avec 39 gravures d'après Ferdinandus.

Sandras (Mme) : *Mémoires d'un lapin blanc*. 1 vol. avec 20 gravures d'après E. Bayard.

Sannois (Mlle la comtesse de) : *Les soirées à la maison*. 1 vol. avec 42 gravures d'après É. Bayard.

Ségur (Mme la comtesse de) : *Après la pluie, le beau temps*. 1 vol. avec 128 grav. d'après É. Bayard.

— *Comédies et proverbes*. 1 vol. avec 60 gravures d'après É. Bayard.

— *Diloy le chemineau*. 1 vol. avec 90 gravures d'après H. Castelli.

— *François le bossu*. 1 vol. avec 114 gravures d'après É. Bayard.

— *Jean qui grogne et Jean qui rit*. 1 vol. avec 70 grav. d'après Castelli.

— *La fortune de Gaspard*. 1 vol. avec 52 gravures d'après Gerlier.

— *La sœur de Gribouille*. 1 vol. avec 72 grav. d'après H. Castelli.

— *Pauvre Blaise !* 1 vol. avec 65 gravures d'après H. Castelli.

— *Quel amour d'enfant !* 1 vol. avec 79 gravures d'après É. Bayard.

— *Un bon petit diable*. 1 vol. avec 100 gravures d'après H. Castelli.

— *Le mauvais génie*. 1 vol. avec 90 gravures d'après É. Bayard.

— *L'auberge de l'Ange-Gardien*. 1 vol. avec 75 grav. d'après Foulquier.

— *Le général Dourakine*. 1 vol. avec 100 gravures d'après É. Bayard.

Ségur (Mme la comtesse de) (suite) : *Les bons enfants*. 1 vol. avec 70 gravures d'après Ferogio.

— *Les deux nigauds*. 1 vol. avec 76 gravures d'après H. Castelli.

— *Les malheurs de Sophie*. 1 vol. avec 48 grav. d'après H. Castelli.

Les petites filles modèles. 1 vol. avec 21 gravures d'après Bertall.

— *Les vacances*. 1 vol. avec 36 gravures d'après Bertall.

— *Mémoires d'un âne*. 1 vol. avec 75 grav. d'après H. Castelli.

Stolz (Mme de) : *La maison roulante*. 1 vol. avec 20 grav. sur bois d'après É. Bayard.

— *Le trésor de Nanette*. 1 vol. avec 24 gravures d'après É. Bayard.

— *Blanche et noire*. 1 vol. avec 54 gravures d'après É. Bayard.

— *Par-dessus la haie*. 1 vol. avec 56 gravures d'après A. Marie.

— *Les poches de mon oncle*. 1 vol. avec 20 gravures d'après Bertall.

— *Les vacances d'un grand-père*. 1 vol. avec 40 gravures d'après G. Delafosse.

— *Quatorze jours de bonheur*. 1 vol. avec 45 gravures d'après Bertall.

— *Le vieux de la forêt*. 1 vol. avec 32 gravures d'après Sahib.

— *Le secret de Laurent*. 1 vol. avec 32 gravures d'après Sahib.

— *Les deux reines*. 1 vol. avec 32 gravures d'après Delort.

— *Les mésaventures de Mlle Thérèse*. 1 vol. avec 29 grav. d'après Charles.

Stolz (Mme de) (suite) : *Les frères de lait*. 1 vol. avec 42 gravures d'après E. Zier.

— *Magali*. 1 vol. avec 36 gravures d'après Tofani.

— *La maison blanche*. 1 vol. avec 35 gravures d'après Tofani.

— *Les deux André*. 1 vol. avec 45 gravures d'après Tofani.

— *Deux tantes*. 1 vol. avec 43 gravures d'après Tofani.

— *Violence et bonté*. 1 vol. avec 36 gravures par Tofani.

— *L'embarras du choix*. 1 v. illustré de 36 gravures d'après Tofani.

Swift : *Voyages de Gulliver*, traduit et abrégé à l'usage des enfants. 1 vol. avec 57 gravures d'après Delafosse.

Taulier : *Les deux petits Robinsons de la Grande-Chartreuse*. 1 vol. avec 69 gravures d'après É. Bayard et Hubert Clerget.

Tournier : *Les premiers chants*, poésies à l'usage de la jeunesse, 1 vol. avec 20 gravures d'après Gustave Roux.

Vimont (Ch.) : *Histoire d'un navire*. 1 vol. avec 40 gravures d'après Alex. Vimont.

Witt (Mme de), née Guizot : *Enfants et parents*. 1 vol. avec 34 gravures d'après A. de Neuville.

— *La petite-fille aux grand'mères*. 1 vol. avec 36 grav. d'après Beau.

— *En quarantaine*. 1 vol. avec 48 gravures d'après Ferdinandus.

IIIe SÉRIE, POUR LES ENFANTS ADOLESCENTS

ET POUVANT FORMER UNE BIBLIOTHÈQUE POUR LES JEUNES FILLES DE 14 A 18 ANS

VOYAGES

Agassiz (M. et Mme) : *Voyage au Brésil*, traduit et abrégé par J. Belin de Launay. 1 vol. avec 16 gravures et 1 carte.

Aunet (Mme d') : *Voyage d'une femme au Spitzberg*. 1 vol. avec 34 gravures.

Baines : *Voyages dans le sud-ouest de l'Afrique*, traduit et abrégé par J. Belin de Launay. 1 vol. avec 22 gravures et 1 carte.

Baker : *Le lac Albert N'yanza*. Nouveau voyage aux sources du Nil, abrégé par Belin de Launay. 1 vol. avec 16 gravures et 1 carte.

Baldwin : *Du Natal au Zambèze* (1861-1865). Récits de chasses, abrégés par J. Belin de Launay. 1 vol. avec 24 gravures et 1 carte.

Burton (le capitaine) : *Voyages à la Mecque, aux grands lacs d'Afrique et chez les Mormons*, abrégé par J. Belin de Launay. 1 vol. avec 12 gravures et 3 cartes.

Catlin : *La vie chez les Indiens*, traduit de l'anglais. 1 vol. avec 25 gravures.

Fonvielle (W. de) : *Le glaçon du Polaris*, aventures du capitaine Tyson. 1 vol. avec 19 gravures et 1 carte.

Hayes (Dr) : *La mer libre du pôle*, traduit par F. de Lanoye, et abrégé par J. Belin de Launay. 1 vol. avec 14 gravures et 1 carte.

Hervé et de **Lanoye** : *Voyages dans les glaces du pôle arctique*. 1 vol. avec 40 gravures.

Lanoye (F. de) : *Le Nil et ses sources*. 1 vol. avec 32 gravures et des cartes.

— *La Sibérie*. 1 vol. avec 48 gravures d'après Lebreton, etc.

— *Les grandes scènes de la nature*. 1 vol. avec 40 gravures.

— *La mer polaire*, voyage de l'*Érèbe* et de la *Terreur*, et expédition à la recherche de Franklin. 1 vol. avec 29 gravures et des cartes.

— *Ramsès le Grand*, ou l'Égypte il y a trois mille trois cents ans. 1 vol. avec 39 gravures d'après Lancelot, E. Bayard, etc.

Livingstone : *Explorations dans l'Afrique australe*, abrégé par J. Belin de Launay. 1 vol. avec 20 gravures et 1 carte.

Livingstone (suite) : *Dernier journal*, abrégé par J. Belin de Launay. 1 vol. avec 16 grav. et 1 carte.

Mage (L.) : *Voyage dans le Soudan occidental*, abrégé par J. Belin de Launay. 1 vol. avec 16 gravures et 1 carte.

Milton et **Cheadle** : *Voyage de l'Atlantique au Pacifique*, traduit et abrégé par J. Belin de Launay. 1 vol. avec 16 gravures et 2 cartes.

Mouhot (Ch.) : *Voyage dans le royaume de Siam, le Cambodge et le Laos*. 1 vol. avec 28 gravures et 1 carte.

Palgrave (W. G.) : *Une année dans l'Arabie centrale*, traduit et abrégé par J. Belin de Launay. 1 vol. avec 12 gravures, 1 portrait et 1 carte.

Pfeiffer (Mme) : *Voyages autour du monde*, abrégé par J. Belin de Launay. 1 vol. avec 16 gravures et 1 carte.

Piotrowski : *Souvenirs d'un Sibérien*. 1 vol. avec 10 gravures d'après A. Marie.

Schweinfurth (Dr) : *Au cœur de l'Afrique* (1866-1871). Traduit par Mme H. Loreau, et abrégé par J. Belin de Launay. 1 vol. avec 16 gravures et 1 carte.

Speke : *Les sources du Nil*, édition abrégée par J. Belin de Launay. 1 vol. avec 24 gravures et 3 cartes.

Stanley : *Comment j'ai retrouvé Livingstone*, traduit par Mme Loreau, et abrégé par J. Belin de Launay. 1 vol. avec 16 gravures et 1 carte.

Vambéry : *Voyages d'un faux derviche dans l'Asie centrale*, traduit par E. D. Forgues, et abrégé par J. Belin de Launay. 1 vol. avec 18 gravures et une carte.

HISTOIRE

Le loyal serviteur: *Histoire du gentil seigneur de Bayard*, revue et abrégée, à l'usage de la jeunesse, par Alph. Feillet. 1 vol. avec 36 gravures d'après P. Sellier.

Monnier (M.): *Pompéi et les Pompéiens*. Édition à l'usage de la jeunesse. 1 vol. avec 25 gravures d'après Thérond.

Plutarque: *Vie des Grecs illustres*, édition abrégée par A. Feillet. 1 vol. avec 53 gravures d'après P. Sellier.

— *Vie des Romains illustres*, édition abrégée par A. Feillet. 1 vol. avec 69 gravures d'après P. Sellier.

Retz (Le cardinal de) : *Mémoires* abrégés par A. Feillet. 1 vol. avec 35 gravures d'après Gilbert, etc.

LITTÉRATURE

Bernardin de Saint-Pierre: *Œuvres choisies*. 1 vol. avec 12 gravures d'après É. Bayard.

Cervantès: *Don Quichotte de la Manche*. 1 vol. avec 64 gravures d'après Bertall et Forest.

Homère: *L'Iliade et l'Odyssée*, traduites par P. Giguet et abrégées par Alph. Feillet. 1 vol. avec 33 gravures d'après Olivier.

Le Sage: *Aventures de Gil Blas*, édition destinée à l'adolescence. 1 vol. avec 50 gravures d'après Leroux.

Mac-Intosch (Miss) : *Contes américains*, traduit par Mme Dionis. 2 vol. avec 50 gravures d'après É. Bayard.

Maistre (X. de): *Œuvres choisies*. 1 vol. avec 15 gravures d'après É. Bayard.

Molière : *Œuvres choisies*, abrégées, à l'usage de la jeunesse. 2 vol. avec 22 gravures d'après Hillemacher.

Virgile : *Œuvres choisies*, traduites et abrégées à l'usage de la jeunesse, par Th. Barrau. 1 vol. avec 20 gravures d'après P. Sellier.

PETITE BIBLIOTHÈQUE DE LA FAMILLE

FORMAT PETIT IN-12

A 2 FRANCS LE VOLUME

LA RELIURE EN PERCALINE GRIS PERLE, TRANCHES ROUGES, SE PAYE EN SUS, 50 C.

Fleuriot (Mlle Z.) : *Tombée du nid.* 1 vol.

— *Raoul Daubry,* chef de famille; 2e édit. 1 vol.

— *L'héritier de Kerguignon;* 3e édit. 1 vol.

— *Réséda;* 9e édit. 1 vol.

— *Ces bons Rosaëc!* 1 vol.

— *La vie en famille;* 8e édit. 1 vol.

— *Le cœur et la tête.* 1 vol.

— *Au Galadoc.* 1 vol.

— *De trop.* 1 vol.

— *Le théâtre chez soi, comédies et proverbes.* 1 vol.

— *Sans beauté.* 1 vol.

Fleuriot Kérinou : *De fil en aiguille.* 1 vol.

Girardin (J.) : *Le locataire des demoiselles Rocher.* 1 vol.

Girardin (J.) (suite) : *Les épreuves d'Étienne.* 1 vol.

— *Les théories du docteur Wurtz.* 1 vol.

— *Miss Sans-Cœur;* 2e édit. 1 vol.

— *Les braves gens.* 1 vol.

Marcel (Mme J.) : *Le Clos-Chantereine.* 1 vol.

Wiele (Mme Van de) : *Filleul du roi!* 1 vol.

Witt (Mme de), née Guizot : *Tout simplement;* 2e édition. 1 vol.

— *Reine et maîtresse.* 1 vol.

— *Un héritage.* 1 vol.

— *Ceux qui nous aiment et ceux que nous aimons.* 1 vol.

— *Sous tous les cieux.* 1 vol.

— *A travers pays.*

D'autres volumes sont en préparation.

20034 — Imprimeries réunies, A, rue Mignon, 2, Paris. — 11-89. — 100,000.

www.ingramcontent.com/pod-product-compliance
Ingram Content Group UK Ltd.
Pitfield, Milton Keynes, MK11 3LW, UK
UKHW020559230726
13926UKWH00005B/2101